なるにはBOOKS
114

自衛官になるには

岡田真理　著

ぺりかん社

はじめに

もし、日本が攻撃《こうげき》や侵略《しんりゃく》を受けたり、日本に向けて弾道《だんどう》ミサイルが発射されたり、大災害が起こって甚大《じんだい》な被害《ひがい》が出たら、みなさんはどうするでしょうか。「自分自身や家族、友人たちを守りたい。街を、日本を守りたい」、こう考える人はたくさんいます。でも、特別な技術や装備《そうび》がなければ、人や国を守ることはとても難しいものです。

しかし自衛隊には、特別な技術や装備《そうび》、そしてそれらを駆使《くし》するマンパワーがあります。そして私たちの命や暮《く》らしを守っています。

みなさんは、自衛隊にどんなイメージをもっているでしょうか。体育会系？　筋肉系？　少し怖《こわ》い人たち？　テレビで流れる災害派遣《はけん》のニュースやバラエティー番組を通して、自衛隊を見たことがあるという方もいるかもしれません。

しかしきっと、いや絶対に、自衛隊にはみなさんの知らない世界がたくさんあります。自衛隊の仕事はほんとうに幅広《はばひろ》く、当の自衛官ですら自衛隊のすべての仕事は把握《はあく》できていないほどです。

この本には、今までみなさんが知らなかった、思ってもみなかった自衛隊の世界が広がっています。将来自衛官になろうとはまったく思っていなくても、これからどんな道を歩むにしても、私たちの命や暮《く》らしを守る自衛隊の仕事には、きっと勇気づけられたり元気をもらえたりするきっかけがあるはずです。

ふだんはなかなかふれることのできない自衛隊の世界。どうぞお気軽に、このまだ見ぬ新しい世界を楽しんでください。

本書の取材には、防衛省《ぼうえいしょう》、統合幕僚監部《ばくりょうかんぶ》、陸上自衛隊、海上自衛隊、航空自衛隊、自衛隊地方協力本部をはじめ多くの方々にご協力をいただきました。そして、読者のみなさんが自衛隊を少しでもわかりやすく、正しく理解できるよう、たくさんの自衛官の方々がさまざまな知恵《ちえ》や助言をくださいました。この場を借りて、深くお礼を申し上げます。

著者

自衛官になるには　目次

［3章］なるにはコース

※本書に登場する方々の所属、年齢などは取材時のものです。

［装幀］図工室　［カバーイラスト］ハラアツシ　［本文イラスト］山本　州　［本文写真］防衛省・自衛隊

「なるにはBOOKS」を手に取ってくれたあなたへ

「働く」って、どういうことでしょうか?

「毎日、会社に行くこと」「お金を稼《かせ》ぐこと」「生活のために我慢《がまん》すること」。

どれも正解です。でも、それだけでしょうか? 「なるにはＢＯＯＫＳ」は、みなさんに「働く」ことの魅力《みりょく》を伝えるために１９７１年から刊行している職業紹介《しょうかい》ガイドブックです。

各巻は３章で構成されています。

【１章】ドキュメント　今、この職業に就いている先輩《せんぱい》が登場して、仕事にかける熱意や誇《ほこ》り、苦労したこと、楽しかったこと、自分の成長につながったエピソードなどを本音で語ります。

【２章】仕事の世界　職業の成り立ちや社会での役割、必要な資格や技術、将来性などを紹介《しょうかい》します。

【３章】なるにはコース　なり方を具体的に解説します。適性や心構え、資格の取り方、進学先などを参考に、これからの自分の進路と照らし合わせてみてください。

この本を読み終わった時、あなたのこの職業へのイメージが変わっているかもしれません。

「やる気が湧《わ》いてきた」「自分には無理そうだ」「ほかの仕事についても調べてみよう」。

どの道を選ぶのも、あなたしだいです。「なるにはＢＯＯＫＳ」が、あなたの将来を照らす水先案内になることを祈っています。

1章

ドキュメント 自衛隊の現場

ドキュメント 1 被災地支援に急行する輸送機パイロット

被災者を救い、海外での任務を支える航空輸送

航空自衛隊《こうくうじえいたい》 3等空佐《とうくうさ》

松岡尚徳《まつおかひさのり》さん

松岡さんの歩んだ道のり

山口《やまぐち》県山陽小野田《さんようおのだ》市出身。学校教員か警察官を志望していたが、高校3年生の時に自衛隊の災害派遣《はけん》・国際平和協力活動を知り、志願。防衛大学校に入校し、後に航空自衛官に任官。C-1輸送機、U-4多用途《たようと》支援機《しえんき》のパイロット資格を取得し、震災《しんさい》や豪雨《ごうう》災害派遣《はけん》での人員・物資の空輸、また被災地《ひさいち》の視察に赴《おもむ》く安倍《あべ》晋三首相（当時）を乗せたフライトも行った。

1冊のパンフレットからパイロットへ

パイロットになるには、長期にわたる勉強と訓練が必要だ。松岡尚徳さんは、防衛大学校に入校してから約7年後に、やっと飛行隊所属のパイロットとなることができた。長年の訓練・勉強に耐《た》え抜《ぬ》きパイロットになった松岡さんだが、もともとから大志を抱《いだ》いてきたわけではない。パイロットへの道は、ささいなきっかけの連続から実現したものだった。

松岡さんはもともと、将来は学校教員か警察官になりたいと考えていた。しかし高校3年生のある日、母親が防衛大学校の学校案内パンフレットを持ち帰って来た。近所に防衛大学校のOBがいたようで、その伝手《つて》でもらってきたパンフレットだった。

それまで、自衛隊という組織に何の興味ももっておらず、自衛隊が何をしているのかも知らなかった松岡さんだったが、パンフレットを見て、警察大学校のように自衛隊にも防衛大学校というものがあると知り、テレビのニュースから流れる自衛隊のニュースに注目するようになった。テレビには、自衛隊が災害派遣《はけん》活動や、海外で国際平和協力活動を行っているシーンが映し出されていた。

「自衛官になれば、僕もこんなことができるんだ」。これが、パイロットへの第一歩だった。

コツコツの勉強が実を結び合格

松岡さんが受験したのは、防衛大学校の推《すい》薦《せん》入試。9月に行われるため準備期間は短かったが、これまでコツコツと基本的な勉強を続けてきていたので、合格することができた。

しかし、この時は「自衛官になりたい」と

いう思いはもっていたものの、まさか自分がパイロットになるとは夢《ゆめ》にも思っていなかった。というより、そもそも「乗り物」自体が好きではなかった。子どものころから乗り物《のりもの》酔《よ》いをするタイプだったからだ。そしてパイロットになった今も、その体質は変わっていない。他人の操縦する飛行機に乗るとやはり酔《よ》ってしまうが、しかし自分が操縦する飛行機で酔《よ》うことはない。この感覚は、車も飛行機も同じようなものなのかもしれない。

苦しみは同期といっしょに乗《の》り越《こ》えた

防衛大学校に入校すると、自分にもパイロットになるチャンスがあると知った。同期には、子どものころからパイロットになりたくて防衛大学校を選んだ人もいた。その仲間は夢《ゆめ》を叶《かな》え、今パイロットとして勤務している。

そんな同期を「目標をもってその道に進んでいるなんてすごいなぁ」と感心していた松岡さんだったが、自分にもその可能性があると知ると、「めざしてみたい」という気持ちが湧き上《あ》がってきた。パイロットになるため、陸・海・空の配属は航空自衛隊を希望し、それが叶《かな》えられた。仲間と比べると「行き当たりばったり」な志望だが、少しずつパイロットへと近づいていた。

防衛大学校を卒業すると、陸・海・空それぞれの「幹部候補生学校」へと進む。航空自衛官となった松岡さんは、奈良県にある航空自衛隊の幹部候補生学校へ入校した。パイロットの数々の適性検査を受け、合格。幹部候補生学校を卒業し、いよいよパイロットになるための教育が始まった。

練習機に乗っての訓練、航空法の勉強、そ

して国家試験。とにかく苦しい毎日だった。

しかし、パイロットは人の命を預かる仕事だから、苦しいのも仕方がない。それに、パイロット以外の道に進んだ仲間たちも同じように苦しい思いをしているし、自衛隊ではない一般企業《いっぱんきぎょう》に入社した人も同じはず。——そう思い直し、休日は同じくパイロットをめざす同期たちと遊びに行き、愚痴《ぐち》をこぼし合い、ともに苦しみを乗り越《のこ》えた。

活動内容から選んだ輸送機

航空自衛隊の航空機は、多様な任務に合わせていくつかの種類がある。空からの侵攻《しんこう》を防ぐ「戦闘機《せんとうき》」、監視《かんし》のためのレーダーを備えた「警戒機《けいかいき》」、物資や人員を空輸する「輸送機」、捜索《そうさく》・救難を行う「救難機」といったように、多様な機種を使って日本の空を守

飛行前、副操縦士とブリーフィングを行う松岡さん

っている。機種によって操縦の方法などが異なるため、国家資格を取った後に、機種別の資格も取得しなければならない。

どの機種のパイロットになるのかも希望と適性で決まるが、松岡さんは「輸送機」を希望した。高校生の時にテレビで見た、災害派《は》遣《けん》活動や海外での国際平和協力活動にたずさわる機会が多いのは、輸送機だと考えたからだ。そして訓練を受け、「C-1輸送機」と「U-4多用途支援機《たようとしえんき》」という2種類のパイロット資格を取得した。

はじめての災害派遣《はけん》活動は伊豆大島《いずおおしま》

約7年間の訓練と勉強、試験のくり返しが終わり、松岡さんは埼玉《さいたま》県の入間《いるま》基地にある「第402飛行隊」所属のパイロットになった。C-1輸送機は、大量の物資や車両を載《の》せて空輸することができる。松岡さんは、各部隊の訓練や任務に必要な物資・車両、そして隊員を乗せたC-1で日本全国を飛び回る毎日を送るようになった。

第402飛行隊に所属して2年目の2013年。伊豆大島で土砂災害が発生し、自衛隊が災害派遣《はけん》活動を開始。松岡さんもC-1で伊豆大島に向かった。これが、松岡さんのはじめての災害派遣《はけん》だった。松岡さんは当時をこうふり返る。

「この2年前に起きた2011年の東日本大震災の時は、私はまだ勉強中の身で、災害派《は》遣《けん》に参加することはできませんでした。パイロットは部隊で仕事をするまでの勉強期間が長いのですが、ほかの職種の同期たちはすでに部隊で仕事を始めていて、東北で被災者《ひさいしゃ》のために活動を行っていました。私もいっしょ

飛行前に各クルーとの打ち合わせが終了し、航空機に乗り込む前の松岡さん

に被災地《ひさいち》で働きたかったのですが、当時私がやるべきことは勉強。頭ではわかっていても、とてももどかしい気持ちでした。ですので、伊豆大島への災害派遣《はけん》が決まったときは『今こそ、国民のための力になりたい』と切に思いました」

被災地《ひさいち》へ昼夜を問わずのフライト

C-1に乗り、入間基地を飛び立った松岡さん。伊豆大島に近づくと、土砂崩《どしゃくず》れを起こした山が目に入った。しかし空港は使用できる状態で、安全に着陸することができた。

本州から海を隔《へだ》てた伊豆大島へは陸路では行けず、ほかの災害よりも航空機に頼《たよ》る比重が大きい。C-1に載《の》せ、伊豆大島へ運んだのは食料品、寝具《しんぐ》、そして警察・消防の車両などだった。

離陸《りりく》、着陸し、物資を降ろしてまた離陸《りりく》。通常、入間基地では騒音《そうおん》を考慮《こうりょ》してフライトをしない時間帯があるが、このときは昼夜を問わず飛行をくり返した。松岡さんも深夜２時の離陸《りりく》を含《ふく》め、この災害派遣中《はけんちゅう》に７回のフライトを行った。自衛隊全体では、のべ３３５機の航空機がこの災害派遣《はけん》に参加した。

「これまでずっと国のお世話になってきて、防衛大学校時代からは手当てももらい、国に雇《やと》われてきたのに、災害時に役に立てず申し訳なく思っていました。国難はないに越《こ》したことはありませんが、これでやっと国のお役に立てました」と語る松岡さん。「国の役に立ちたい」という熱意があふれ、上司に「もう１回飛ばせてください」とお願いし、「今は休みなさい」と諭されたこともあったそうだ。

空輸するのは多種多様な物資、人員

その後、松岡さんは２０１６年の熊本地震《くまもとじしん》、２０１８年の７月豪雨《ごうう》、同年の北海道胆振《ほっかいどういぶり》東部地震《じしん》、２０１９年の台風19号の災害派遣《はけん》でも空輸をくり返した。大規模災害派遣《はけん》では陸上自衛隊・海上自衛隊・航空自衛隊が一体となり、「統合任務部隊（通称：ＪＴＦ＝Joint Task Force)」として活動することがある。２０１６年の熊本地震《じしん》でもＪＴＦが編成され、陸・海・空の部隊が協同で災害派遣《はけん》活動を行った。松岡さんは入間基地から北海道の千歳《ちとせ》基地に飛び、そこで陸上自衛隊の車両を載《の》せ、熊本空港へ運ぶという空輸も行った。

また２０１９年の７月豪雨《ごうう》では、松岡さんが資格を取得しているもうひとつの飛行機「Ｕ-４多用途支援機《たようとしえんき》」での活動も行った。Ｕ

管制機関と交信する松岡さん

－4多用途支援機《たようとしえんき》は乗員21名の飛行機で、この時松岡さんが〝空輪〟したのは物資ではなく安倍晋三首相（当時）。災害が発生し、数日経つと要人が現地視察を行うことがあるが、安倍首相が現地視察するための広島空港までのフライトで、松岡さんが操縦をした。

万が一に備え、住居は基地の近くへ

「国民の力になれるこの仕事にたずさわることができてよかったと、やりがいを感じています」と語る松岡さん。シビアな任務ゆえ、日常生活に支障はないか尋《たず》ねると、「住む場所と出かける場所に制限があります」と教えてくれた。

災害や有事はいつ起こるかわからない。そのため、すぐに所属部隊に駆《か》けつけられるよう、住居は基地の近くでなければならない。

また休日に出かける時も、ある一定の距離《きょり》を超《こ》える場合は事前に申請《しんせい》が必要だ。松岡さんも、年末年始に山口県に帰省する場合は、同僚《どうりょう》のパイロットたちと時期を調整して、常に一定の人数はすぐに部隊に駆《か》けつけられるようにしているという。

「住む場所に制限はありますが、入間基地の近くには大きな公園やショッピングモールがありますし、遠くに出かける時も申請《しんせい》すれば支障はなく、家族と楽しく過ごしています。災害派遣《はけん》や訓練のある時期はそういきませんが、旅行や家族の結婚式《けっこんしき》も、申請《しんせい》して行ってきました」

そして松岡さんは、輸送機パイロットの醍《だい》醐《ご》味《み》をこう語る。

「今の仕事をしていてよかったと思うのは、全国の空港に行けることです。輸送機は、自衛隊基地の空港だけでなく、自衛隊以外の空港に着陸する機会も多くあります。また、硫《い》黄島《おうとう》や南鳥島《みなみとりしま》のように、限られた人しか行けない場所にも着陸することができるのは、自衛隊の輸送機パイロットの醍醐味《だいごみ》ですね」

C-1の後継《こうけい》機《き》、C-2輸送機

松岡さんが乗っているC-1輸送機は長年使い続けられており、現在、後継機《こうけいき》である「C-2輸送機」への切《き》り替《か》えが始まっている。もし、今この本を読んでいる中高生が航空自衛隊の輸送機パイロットとなった時は、C-1ではなくC-2を操縦することになるだろう。輸送機の現役パイロットの視点から、松岡さんがC-2の魅力《みりょく》を教えてくれた。

「C-1のコックピットはすべてアナログですが、C-2はディスプレー化されるなど、最新の装備がそろっています。またC－2はC－1よりもひと回り大きく、エンジンの効率・燃費もよくなりました。航続距離《きょり》が延《の》びたので、海外へフライトする機会も多くなると思います。自衛隊では国際貢献《こうけん》活動が増えてきているので、海外で仕事をしたいという人にとっても、輸送機パイロットはやりがいのある仕事になると思います」

近年、海外での国際貢献《こうけん》活動が活発になっている自衛隊。さらには宇宙・サイバー・電磁波といった、これまでにない領域にも力を入れるため、より多様な人材が自衛隊に求められているそうだ。

得意分野が入隊後の強みになる

「昔《むかし》の自衛隊は〝筋肉的〟なイメージが強かったのですが、今はそういう時代ではありません。もちろん体力のある人も重要な人材ですが、テクノロジーの進化により自衛隊の活動も変わってきました。デジタルにくわしい人はサイバーセキュリティー分野で活躍《かつやく》できるでしょうし、英語が得意な人は国際活動で活躍《かつやく》できます。歴史が得意な人は、その知識が新しい戦略の構築に役立つかもしれません。体力以外でも、何か特技や得意分野があると、自衛隊でもそれが活用できると思います。自衛隊勤務は大変ですが、非常にやりがいのある仕事ですよ」

パイロットの道など微塵《みじん》も考えていなかった高校生が、日本全国を飛び回り被災地《ひさいち》を助ける自衛隊パイロットに——今パソコンに熱中している高校生が、宇宙やサイバー領域で日本を守る自衛官として活躍《かつやく》する日も、近い将来きっと来るのだろう。

ドキュメント 2 海中から日本を守る潜水艦の水測員

重要アイテムは自分の耳！音を頼りに海中を探る

海上自衛隊《かいじょうじえいたい》 3等海曹《とうかいそう》
佐々木駿介《ささきしゅんすけ》さん

編集部撮影

佐々木さんの歩んだ道のり

神奈川《かながわ》県出身。3歳《さい》でサッカーを始め、高校までサッカー漬《つ》けの日々を送る。社会人になってもサッカーを続けられる環境《かんきょう》を探すうちに、海上自衛隊の存在を知る。その後、東日本大震災《ひがしにほんだいしんさい》で自衛隊の災害派遣《はけん》活動を目にし、志願を決意。2014年自衛官候補生として海上自衛隊に入隊。潜水艦《せんすいかん》の乗員となり、「うずしお」を経て、現在は「たかしお」で勤務している。

入隊のきっかけはサッカーから

佐々木駿介さんが生まれたのは、「Jリーグ」が誕生《たんじょう》した年だった。兄といっしょにサッカーを始めたのは、3歳《さい》の時。以来、小学校、中学校、高校とプロサッカー選手をめざしてサッカーに明《あ》け暮《く》れる毎日を送っていた。

将来の道を考え始めたのは、高校2年生の3月だった。プロの世界は現実的には厳しく、しかし社会人になってからもサッカーを続けたいと道を模索《もさく》していたところ、サッカー部のコーチがこんなことを教えてくれた。

「海上自衛隊に『厚木《あつぎ》マーカス』というチームがあるよ。海上自衛隊に入れば、国家公務員になれて、サッカーも続けられるよ」

神奈川県の海上自衛隊厚木航空基地に勤務する隊員で結成されているサッカーチーム、厚木マーカス。休日などの限られた練習時間にもかかわらず、関東社会人サッカーリーグに出場するなどの成果を修めており、社会人強豪《きょうごう》チームとして知られている。

それまで「自衛隊」という存在すら知らなかった佐々木さんだったが、大好きなサッカーをきっかけに自衛隊に興味をもった。

そんな折、東日本大震災が発生。テレビから流れる、被災地《ひさいち》で災害派遣《はけん》活動をしている自衛官の姿を目にした佐々木さんは、「自分もこの仕事をしたい」と思うようになった。

「自分には、サッカーできたえた体がある。この体を使って、自衛隊で仕事をしたい」

急浮上《きゅうふじょう》した、潜水艦《せんすいかん》への道

その後、海上自衛隊の自衛官候補生の試験を受けた佐々木さん。結果は「合格」だが

「不採用」。〃補欠合格〃のような扱《あつか》いだ。しかしその後に採用が決まり、高校卒業から半年後の9月に晴れて入隊。京都府《きょうと》の「舞鶴《まいづる》教育隊」で4カ月間の教育を受けた。

京都府舞鶴市という、まったく知らない街に着いた時は、少し泣きそうになってしまった佐々木さんだったが、仲間との訓練生活は毎日が合宿のようでとても楽しかった。

めざしていたのは航空士。サッカーチーム「厚木マーカス」のある厚木航空基地には、航空関係の部隊しかなく、勤務しているのは航空系の職種の隊員ばかりだからだ。適性検査を受けると、みごと航空士の適性に合致《がっち》。しかし、思いがけない適性も見つかった。それが「潜水艦《せんすいかん》」だった。

その人がどんな素質をもっているか、どんなことに長《た》けているか、どんな性格かなどから判断される適性。どの職種に配置されるかは、本人の希望と適性によるのだが、陸・海・空すべてのなかでもっとも適性が重視される職種のひとつが潜水艦《せんすいかん》だ。その理由は、勤務中の特殊《とくしゅ》な環境《かんきょう》にある。

希望が「サッカー」から「潜水艦《せんすいかん》」に

潜水艦《せんすいかん》の任務は、海中にひそみ警戒《けいかい》・監視《かんし》すること。長期間海の中に潜《もぐ》り続《つづ》け、限られた人と密室で過ごし、さらに厳しい任務を行うので、その環境《かんきょう》に耐《た》え得《う》る適性をもった人しか潜水艦《せんすいかん》に乗ることはできない。密閉された狭《せま》い空間で、不規則な勤務シフトをくり返すことから生まれるストレスは大きく、そのストレスが艦内《かんない》の人間関係や、任務の遂行《すいこう》に影響《えいきょう》する可能性があるからだ。

具体的にどんな人に潜水艦《せんすいかん》の適性があるの

かは明らかにされていないが、潜水艦《せんすいかん》の乗員たちに話を聞くと、「協調性の高い人が多い」、「『俺が俺が』と前に出るようなタイプはいない」といった声がよく聞かれる。実際に乗員の方とお会いしても、穏《おだ》やかな性格の方ばかりで、極端《きょくたん》に個性的な人は見たことがない。

特殊《とくしゅ》な環境《かんきょう》に耐《た》え得《う》る人にしか乗れない潜《せん》水艦《すいかん》。したがって、潜水艦《せんすいかん》の適性をもつ隊員はとても少なく、ある意味〝選ばれし人〟ともいえる。

適性検査を受け、思いがけず潜水艦《せんすいかん》の適性があることを知った佐々木さん。当時、佐々木さんの指導を担当していた班長に潜水艦《せんすいかん》の乗員がいたのだが、その班長から潜水艦《せんすいかん》勤務の話を聞くうちに潜水艦《せんすいかん》に興味をもつようになった。そして、航空士になるのではなく、潜水艦《せんすいかん》に乗る決断をした。厚木航空基地で勤

航行する艦艇を音で探知する、潜水艦の水測員・佐々木さん

務して厚木マーカスでサッカーをしたい、とずっと抱《いだ》いてきた夢《ゆめ》を捨ててまでも、潜水艦《せんすいかん》に乗ることを選んだのだ。

「班長から聞いた話がとても魅力的《みりょくてき》でした。『潜水艦《せんすいかん》に乗れば手当が付くから給料がいいんだぞ』とか、『潜水艦の食事はおいしいぞ』とか（笑）、また『潜水艦《せんすいかん》には限られた人しか乗れない』といった話を聞くうちに、意識がサッカーから潜水艦《せんすいかん》に変わっていきました。それに、夢《ゆめ》だった厚木マーカスには入れなくなりますが、潜水艦《せんすいかん》の乗員になってもサッカーを続けることはできますから」

当時をこうふり返る佐々木さん。「自衛官候補生課程」、「練習員課程」で海上自衛官としての基礎的《きそてき》な教育を終え、「潜水艦課程《せんすいかん》」に入校。潜水艦乗《せんすいかんの》りへの道がスタートした。

苦しい勉強に楽しさを見つけた

「やりがいがある仕事なのですが、覚えることがたくさんあって勉強に終わりがありません。常に新しい情報を頭に入れていかなければなりませんから」

潜水艦《せんすいかん》の仕事についてこう語る佐々木さん。入隊から1年間ずっと勉強を続けてきたのだが、学ぶことはまだたくさんある。潜水艦《せんすいかん》課程を修了すると、つぎは部隊実習。佐々木さんは潜水艦《せんすいかん》「うずしお」で部隊実習を行った。

「高校まで勉強はまったくできなかったので、自衛隊に入ってはじめて勉強をしている感じです。入隊前は、まさか自衛隊でこんなに勉強しなければならないとは思っていませんでした。でも高校までとは違《ちが》って、すべてが仕事のための専門教育なので、興味が湧いてく

おいしいと言われる潜水艦の食事

ると勉強が楽しくなってきました。もちろん、それまでは苦しいのですが……（笑）。仕事を覚えてから急に勉強の楽しさがわかってきたと思います」

高校までとは違《ちが》う、専門性の高い勉強。そしてもうひとつ、佐々木さんが感じた「高校までの勉強との違《ちが》い」がある。それは、教務のおもしろさだ。

「どの課程でも、教官がおもしろい方ばかりで、教務もおもしろく進めてくれました。高校の授業は堅苦《かたくる》しい感じでしたが、自衛隊の教務は理解が深まるように楽しく教えてくれます」

潜水艦《せんすいかん》課程、そして部隊実習を終え、正式に「うずしお」の船務科所属の乗員となった佐々木さん。仕事の担当は「水測員」だった。

イルカやクジラとの出合い

水測員とは、航行する艦艇《かんてい》を音で探知する仕事だ。護衛艦《ごえいかん》のような潜《もぐ》らない「水上艦《すいじょうかん》」では、音波探知機を使って水中に音を出し、その反響音《はんきょうおん》で探知するのだが、潜水艦《せんすいかん》の場合は「海の音」を直接聞いて捜索《そうさく》する。海中を漂う音を耳で〝見分ける〟作業をくり返し、ほかの艦艇《かんてい》の存在や動きを探るのだ。

海中には、艦艇《かんてい》の音だけでなくさまざまな音が入り混じっている。イルカやクジラの声、魚群の音、またその魚を食べているイルカの捕食音。佐々木さんにとっては生まれてはじめて聞く音ばかりだったが、先輩《せんぱい》から「これはイルカの声だよ」と教えてもらい、その存在を知った。これらの「海の雑踏《ざっとう》」から、注意深く艦艇《かんてい》の音を探し出し、音による警戒《けいかい》・監視《かんし》を行うのが佐々木さんの仕事となった。

潜水艦《せんすいかん》の中での生活にも、徐々《じょじょ》になじんできた。最初は、艦内《かんない》に充満《じゅうまん》する独特の臭いがつらかったが、すぐに慣れて気にならなくなった。艦内《かんない》の狭《せま》さは覚悟《かくご》していたが、外見から想像するよりも広く感じた。食事は聞いていた通り、とてもおいしかった。

「うずしお」での勤務を終え、「たかしお」へ移った佐々木さん。海士から海曹《かいそう》への昇任《しょうにん》試験と課程教育も修了《しゅうりょう》し、階級は3等海曹《かいそう》になった。

「メリハリ」でつらさを克服《こくふく》

長期間、海に潜《もぐ》り続《つづ》ける潜水艦《せんすいかん》。想像しただけで恐怖《きょうふ》を感じてしまうものだが、佐々木さんは「怖《こわ》さはまったくありません」と言う。

「海上自衛隊の潜水艦《せんすいかん》は、これまで1隻《せき》も沈《しず》んでいませんし、乗員も頭のよい人ばかりです。艦《かん》も人も信頼《しんらい》できるので、安心して勤務しています」

潜水艦《せんすいかん》1隻《せき》に乗っているのは数十人のみ。年齢幅《ねんれいはば》は広いが、潜水艦《せんすいかん》の適性をもった協調性の高い仲間たちと、家族のように和気あいあいと過ごしているそうだ。

そんななかで、佐々木さんがつらかったことのひとつに「スマホの使用環境《かんきょう》」がある。潜水艦《せんすいかん》の中に入ってしまえば電波が入らず、メールやSNSで家族や友人と気軽に連絡《れんらく》を取ることはできないのだ。

「〝既読《きどく》無視〟なんて言ってる場合じゃないレベルなので、最初はつらかったです。長期間の航海で家族に会えないだけでなく、LINEすらできなくなりますから。ふと、『俺、こんなとこで何やってるんだろう』と思ってしまうこともありました。でも、結局は慣れだと思います。『こういう仕事なんだ』と割り切ってしまえば、高校時代の『授業中はスマホ禁止』と同じような感覚でそれほど気にならなくなります。航海中は制限が多いですが、港に戻《もど》ればスケジュールに余裕《よゆう》がありますし、友だちに連絡《れんらく》して食事に行ったりして

潜水艦の艦橋で見張り業務を行う佐々木さん

います。出航中と、港の停泊中《ていはくちゅう》、このメリハリがつかめてくると、うまくやっていけるようになりました」

自由時間も隠密《おんみつ》行動

潜水艦《せんすいかん》の中では、交代制の勤務。数時間ずつ勤務と休憩《きゅうけい》をくり返す。自由時間は読書をしたり、DVDを見たり、港に停泊中《ていはくちゅう》に撮《と》りためたテレビ番組を見て過ごしているそうだ。また仲間とゲームやトランプを楽しんだりすることもあるが、ここで注意しなければならないのは「音」。潜水艦《せんすいかん》は海中にひそみ、忍《にん》者《じゃ》のような隠密《おんみつ》行動で任務を行う。音を探知している時に、イルカやクジラの声が聞こえるように、こちらの潜水艦《せんすいかん》内での音も海中を伝わって聞かれてしまう。くしゃみ程度の音ですらわかってしまうため、ゲームやトランプをしていても常に小声で楽しまなければならないのだ。

また、狭《せま》い艦内《かんない》では運動不足になりがちなのだが、音が出るダンベルのような器具は使えず、腹筋や腕《うで》立《た》て伏《ふ》せ程度の運動しかできない。とはいえ、それほど体力を使う仕事ではないため、自由時間はずっと寝《ね》ているだけの隊員も。「おとなしくしている」ことが重要な環境《かんきょう》であるため、潜水艦《せんすいかん》の乗員は全員が体育会系というわけではなく、中学や高校で部活を一切していなかった人も多いそうだ。

個人のレベルに合わせ体力を付ける

２０１８年、佐々木さんは一時潜水艦《せんすいかん》を離《はな》れ、教育隊に臨時勤務をし、新隊員の教育を担当した。主に体育の指導を行ったのだが、運動部経験がないどころか、「まったく運動をしていなかったため、入隊するまで筋肉痛になったことがない」という新隊員もいたという。しかし、「入隊時に、体力面の心配は一切いりません」と佐々木さんは断言する。

「体力のある人もない人も、個人に合わせて訓練メニューを考えるので、まったく運動ができなくても徐々《じょじょ》に体を慣らしながら体力を上げていきます。私が新隊員のころもそうでしたが、自衛官は優しい人ばかり。鬼《おに》みたいな人はいないので安心してください（笑）」

中学や高校で体育が苦手だった人のなかには、走り方がわからないまま走らされ、その結果、苦手意識だけが増大し、「自分は走れない人間だ」と思《おも》い込《こ》んでいる人も多い。しかし自衛隊では、どうすれば走れるようになるのか、タイムを縮められるのかをマンツーマンで指導するため、苦手だった人でも、規定タイムをクリアできるようになるそうだ。

サッカーを続けながら潜《せん》水《すい》艦《かん》勤務

「厚木マーカス」に入ることを断念し、潜水《せんすい》艦《かん》の乗員となった佐々木さん。しかしサッカーは今も続けているという。

「大学生が主体の、地域のクラブチームに入りました。航海中はさすがに無理ですが、入港中は練習や試合に参加しています。チームが参加しているリーグに厚木マーカスも出場しているんですが、やはり強敵です。でもいつか倒《たお》したいと思っています！」

サッカー以外のプライベートでは、水測員の課程教育中に滞在《たいざい》していた広島《ひろしま》県で出会った看護師の女性と結婚《けっこん》。現在は横須賀《よこすか》市で結《けっ》婚《こん》生活を送り、潜水艦《せんすいかん》、サッカーとメリハリのある毎日を送っている。

ドキュメント 3 国土防衛の砦、戦車の搭乗員

瞬時の判断と最先端の技術が日本を守る抑止力に

陸《りく》上《じょう》自《じ》衛《えい》隊《たい》 2等《とう》陸《りく》尉《い》
眞《さな》田《だ》光《みつ》隆《たか》さん

編集部撮影

眞田さんの歩んだ道のり

栃木《とちぎ》県佐野《さの》市出身。高校時代は強豪校《きょうごうこう》でラグビー部のキャプテンを務める。自分の長所である体力とリーダーシップを活かすため自衛官になろうと志願し、2010年防衛《ぼうえい》大学校に入校、2014年陸上自衛隊幹部候補生学校へ進む。その後は戦車部隊の幹部自衛官として活躍《かつやく》し、第11戦車隊、戦車教導隊で勤務。現在は機甲《きこう》教導連隊・第3中隊で小隊長を務める。

自衛隊の戦車は世界トップクラス

陸上自衛隊では、毎年「富士《ふじ》総合火力演習」を行っている。これは、日本のある地域が攻撃《こうげき》されたという想定で、その攻撃《こうげき》からどのように日本を守るかを実演するイベントだ。富士総合火力演習は通称「総火演」と呼ばれ、一般《いっぱん》公開されているのだが、応募《おうぼ》・抽選《ちゅうせん》で配付される入場チケットの倍率は約30倍にもなる超人気《ちょうにんき》イベントとなっており、配信される中継《ちゅうけい》動画の再生回数も非常に多い。その人気の理由は、広い演習場でくり広げられる、ヘリコプターや偵察《ていさつ》バイクの機動力、また大型火砲《かほう》や戦車砲《せんしゃほう》の火力が至近距離《しきんきょり》で体感できることだ。自衛隊がどのように日本を守っているのかは、私たち国民はなかなか知ることができないが、総火演では、現在の自衛隊が実際にどのような防衛力をもっているのかを理解することができる。また同時に、自衛隊の防衛力をインターネットを通して全世界に公開することで、他国が日本への攻撃《こうげき》を思いとどまらせる「抑止力《よくしりょく》」の効果も発揮している。

総火演に登場する装備品《そうびひん》のなかでも〝花形〟といわれているのが戦車だ。陸上自衛隊には、コンピュータを駆使《くし》した世界トップクラスの性能を誇《ほこ》る戦車があり、またその操縦、射撃《しゃげき》技術も各国軍から一目置かれている。入隊後から戦車部隊で勤務してきた眞田光隆さんは、この総火演にも深くかかわってきた陸上自衛隊の若き幹部自衛官。現在は、戦車部隊の指揮官を教育する部隊で勤務をし、主に戦車小隊長となる隊員の教育を支援《しえん》している。

自衛隊最高峰《さいこうほう》の戦車技術

静岡《しずおか》県にある富士駐屯地《ちゅうとんち》には、陸上自衛隊の戦闘《せんとう》部隊で指揮官となる隊員を教育する「富士学校」が置かれ、「機甲《きこう》科部」で戦車部隊の隊員の育成が行われている。眞田さんは、この機甲《きこう》科部の教育・研究を支援《しえん》する「機甲《きこう》教導連隊」（駒門《こまかど》駐屯地）で勤務している。

戦車部隊の指揮官の教育では、実際に戦車を動かしながらどう指揮をするかを考える訓練もある。そのさい、戦車に搭乗《とうじょう》して指揮された通りに操縦・射撃《しゃげき》を行うのが、機甲《きこう》教導連隊の隊員だ。指揮官を教育するための訓練なので、搭乗員《とうじょういん》は一切のミスなく指揮通りに動く「有能なプレーヤー」に徹《てっ》しなければならず、機甲《きこう》教導連隊の隊員は陸上自衛隊のなかでも高い戦車の運用技術をもっている。

そして、前述の総火演で戦車に搭乗《とうじょう》し、指揮をしているのもこの機甲《きこう》教導連隊の隊員で、眞田さんは2018年に行われた総火演で戦車小隊長を務め、全世界にみごとな技術を披《ひ》露《ろう》した。

「すべての展示を終え、演習場を後にする時にお客さんたちが手を振《ふ》ってくれました。私も感謝の気持ちで大きく手を振《ふ》り返しました」と、当時の心境をふり返る眞田さん。防衛大学校に入校する前は、「自衛隊って危ないんじゃないの？」と心配していた母もこの総火演を見に来てくれ、今は「やりたいことをやりなさい」と応援《おうえん》してくれているそうだ。

計画担当では激務《げきむ》だったことも

翌2019年の総火演。眞田さんは、今度は搭乗員《とうじょういん》でなく「主務者」を担当した。総火演での戦車の動き方や、本番に向けてどのような訓練を行うかといった計画をする役割だ。「主務者のときはほんとうに大変でした」と苦笑いを隠《かく》せない眞田さん。業務は毎日夜遅《おそ》くまで続き、0歳児《さいじ》の育児を一人で行わなければならなくなった妻の負担を考え、総火演が終わるまで実家に帰ってもらったほどだったそうだ。総火演は大成功。しかし家族全員の苦労が実り、現在は家族3人水入らずの生活を送っている。

ラグビーを続けながら、入試へ

子どものころは、毎日家でゲームをするおとなしい子だったという眞田さん。しかし中学卒業を機に一転、強豪校《きょうごうこう》のラグビー部に入部し、ラグビー一筋の高校生活を送った。3年生ではキャプテンを務め、全国大会には進

眞田さんが戦車小隊長を務めた2018年の富士総合火力演習

めなかったものの県大会決勝まで駒《こま》を進める大活躍《だいかつやく》を見せた。

ラグビーに打《う》ち込《こ》む一方、3年生になったころには卒業後の進路も考え始めていた。そこで浮《う》かんだのが、防衛大学校。以前から「長所を活かせる仕事に就きたい」と思っていたのだが、ラグビーで鍛《きた》えた体力、そしてキャプテンを買って出るリーダーシップの二つの長所を活かせるのは自衛隊だと思い、防衛大学校に進んだ。

本当は航空自衛官になりたかった

陸・海・空自衛隊の、幹部自衛官となる人材を育成する防衛大学校。1年では全員共通の教育を受けるのだが、2年からは卒業後に配属される陸・海・空に分かれての専門教育が始まる。そこで、1年の終わりごろに陸・海・空のどれに進みたいのか希望を出すのだが、眞田さんは「航空自衛隊」を第一希望に書いたそうだ。

「パイロットになりたいという気持ちと、仲のよい先輩《せんぱい》が航空自衛隊に決まっていたということも理由にありました。しかし、ラグビーをしていたため体重が重く、パイロットの適性は不合格。そして希望の航空自衛隊も叶《かな》わず、陸上自衛隊となりました」

陸・海・空の配属は、第一希望が必ず通るとは限らない。それぞれに定められた人数があり全員の希望を叶《かな》えることは不可能で、またその人のもつ適性も重要視されるからだ。航空自衛隊という希望は叶《かな》わなかった眞田さん。しかし、今は当時を笑顔《えがお》でこうふり返る。

「今になってみると、陸上自衛隊が、そして戦車が天職だったなと思います。あの時私を、陸上自衛隊に選んでくれてほんとうにありがたいです」

防衛大学校でも眞田さんはラグビーを続けた

念願叶《かな》って、あこがれの戦車乗りに

陸上自衛官となった眞田さんは、福岡《ふくおか》県にある陸上自衛隊の幹部候補生学校へ入校した。幹部候補生学校での教育は約9カ月間。防衛大学校では2年になる前に陸・海・空の希望を出したが、幹部候補生学校では9カ月間の終盤《しゅうばん》に同じように「職種」の希望を提出する。

陸上自衛隊には、戦車と偵察《ていさつ》を担当する「機甲科《きこうか》」、ミサイルを担当する「高射特科」、生物・化学・放射線兵器からの攻撃《こうげき》に備える「化学科」といった16の職種がある。このうち、どの職種に進みたいかの希望を出すのだが、これも防衛大学校での陸・海・空の選択《せんたく》と同様に希望だけでなく適性も合わせて判断される。このとき、眞田さんは戦車を担当する「機甲科《きこうか》」を第一希望として書いたのだが、今回は念願叶《かな》って機甲科《きこうか》の配属となった。希望の理由は「戦車は国の最先端《さいせんたん》の技術を結集して作られている。そんな戦車部隊を指揮したい」というあこがれからだった。

戦車の免許《めんきょ》を取得し、指揮官の道へ

幹部候補生学校で、陸上自衛隊の幹部自衛官としての基礎《きそ》を学んだ眞田さん。次に、戦車部隊の指揮官としての教育を受けるのだが、ここで入校したのが前述の富士学校。現在、眞田さんは富士学校に入校している戦車部隊の隊員を教育しているが、若き日に自分が教育を受けた場所に、教える立場として戻《もど》ってきた形だ。

防衛大学校、幹部候補生学校で幹部自衛官としての基礎《きそ》を学んできた眞田さんだが、戦車に乗るのはこの富士学校がはじめて。まず戦車搭乗員《とうじょういん》に必要な大型特殊《とくしゅ》自動車の運転免許《めんきょ》を取得し、搭乗員《とうじょういん》になるための教育を受ける。戦車には、通常3名の隊員が乗っており、操縦手（ドライバー）、砲手《ほうしゅ》（射撃《しゃげき》担当者）、車長（リーダー）と役割が分かれている。富士学校では、この三つの役割すべてを担当するための教育を受け、そして数両の戦車で編制された「戦車部隊」を運用するための基礎《きそ》を学び、さらに戦車小隊を指揮する訓練が行われる。戦車小隊は4両の戦車で編制されるが、この4両が1チーム（小隊）となり攻撃《こうげき》や防御《ぼうぎょ》を行うため、小隊長にはチーム全体を率いるノウハウやリーダーシップの養成が必要なのだ。

200両の戦車に戦いを挑《いど》む！

富士学校での教育を終えた眞田さんが最初

に配属された部隊は、北海道《ほっかいどう》の北恵庭《きたえにわ》駐屯《ちゅうとん》地《ち》にある「第11戦車隊」だった。長い教育を受け、やっと戦車小隊長デビューを果たした眞田さん。小隊の指揮を行うだけでなく、中隊（三つの小隊でつくられたグループ）全体の訓練を計画したり、訓練成果を分析《ぶんせき》するといった仕事も任された。中隊には「運用訓練幹部」と呼ばれる、中隊長を補佐《ほさ》する役割の隊員がいるのだが、小隊長2年目からは、この運用訓練幹部をサポートする仕事も行うようになった。

第11戦車隊での勤務では眞田さんが印象に残っている二つの訓練がある。一つは、「戦車射撃《しゃげき》競技会」という訓練。自衛隊では、各隊員、各部隊が技術の向上を図るために多くの「競技会」が開かれている。スポーツの大会と同じようなシステムで、ランニングや格《かく》闘《とう》の個人戦、部隊戦を行ったり、射撃《しゃげき》の点数を競うもの、また隊員が生きるために欠かせない「食事」の味や技術を競う「調理競技

アメリカ海兵隊との共同訓練

会」もある。

北海道には多くの戦車部隊があり、眞田さんが参加した戦車射撃《しゃげき》競技会は、北海道中から約50の戦車小隊（戦車約200両分）が集結して行われた大規模なもの。しかもその期間は1週間だ。

戦車もラグビーもチームプレー

戦車部隊の指揮には「射撃《しゃげき》指揮」と「運動指揮」とがあり、指揮官はとても忙《いそが》しい。4両からなる戦車小隊は、敵がどこに潜《ひそ》んでいるのかといったことを踏《ふ》まえ、それぞれ警戒《けいかい》する場所が割《わ》り振《ふ》られている。目標を見つけた隊員は、無線通信で小隊長にそれを伝え、小隊長の指揮で射撃《しゃげき》を行う。しかし射撃《しゃげき》は止まったままではなく常に動きながら（運動）でなければならない。こちら側も同じく、敵から攻撃《こうげき》される危険性があるからだ。このような射撃《しゃげき》指揮、運動指揮を同時に、しかも小隊4両すべてに行うのが、小隊長だ。隊員それぞれの操縦技術、射撃《しゃげき》技術はもちろんだが、競技会での採点には、4両の射撃《しゃげき》と運動のコンビネーションを操る小隊長の技量が大きく反映される。「戦車を動かしながら同時に状況《じょうきょう》判断を行い、次の動きを考え、決定する。戦車小隊長の指揮はラグビーのキャプテンと似ているところがありますね。チームを動かす、部隊を動かすことの奥深さを競技会で実感しました」と眞田さんは語ってくれた。

体力がなくても、長所を活かして

戦車部隊の若手指揮官として活躍《かつやく》している眞田さん。最後に、将来の進路に自衛隊を考えている人へ、入隊前にしておいてほしいことをうかがった。

「いちばんは、『自分の長所をひとつだけでも見つけてほしい』ということです。自衛隊にはいろんな職種があり、それぞれの隊員が得意なところを出し合って、その総合力が日本を守る力になっています。同じ職種のなかでも、体力に自信がある人、体力に自信はなくてもメカに強い人、体力もメカにも弱いけど明るい人、いろんな人がいて成り立っています。特に人間性は重要だと考えていて、明るく盛《も》り上《あ》げてくれる人がいれば部隊全体の雰囲気《ふんいき》が変わりますし、盛《も》り上《あ》げるとまではいかなくても、いつもニコニコしていてくれる人、気配りができる人はとてもありがたい存在です。どんな小さなことでも、その長所を自覚して活かしてくれれば、部隊はよりよいものになっていくと思います」

戦車という大きな物にたずさわる人は、よほどの体力が必要なのだろうと考えがちなのだが、近年、戦車には女性隊員も搭乗《とうじょう》できるようになった。「戦車に乗るには体力が必要なのでは?」という疑問も、眞田さんは明快に打ち消してくれた。

「実は、戦車は乗ってしまえば体力はまったく関係ないんです。どちらかというと〝頭〟ですね。そして戦車の中は狭《せま》いので、女性のような体の小さい人のほうが仕事がしやすいと思います。私は体が大きいのでとても狭《せま》く感じていますから。戦車は大きく大胆《だいたん》な乗り物ですが、その運用・計画は綿密。状況《じょうきょう》判断、計画・戦術の能力があれば、体力の有無や性別はまったく関係ないと思います」

2章

自衛官の世界

日本の平和と安全を守る防衛力。その力は、災害時や国際貢献にも活かされる

防衛力、抑止力《よくしりょく》で日本の安全を守る

私たちは、いろんな人に守られて生きています。身近なところでは、警察。警察は都道府県ごとに置かれていて、犯罪から私たちを守ってくれています。そして、市町村といった自治体には消防があり、火災や急病、事故に遭《あ》ったときに私たちを守ってくれます。

国内では、警察や消防によって守られている私たちの暮《く》らし。そして、私たちの生命や暮《く》らしを含《ふく》めた、国全体の安全を守っているのが自衛隊です。

自衛隊の任務は、自衛隊法にこう書かれています。

自衛隊は、我が国の平和と独立を守り、国の安全を保つため、我が国を防衛することを主

たる任務とし、必要に応じ、公共の秩序《ちつじょ》の維持《いじ》に当たるものとする。

もし、街にミサイルが落とされたり、地域が侵略《しんりゃく》されると、私たちは平和に暮《く》らすことができなくなってしまいますし、国の独立が保たれなくなる可能性もあります。そこで、国外から攻撃《こうげき》や侵略《しんりゃく》を受けた時に、自衛隊がそれらを防ぐ活動を行います。

また自衛隊は、日本が攻撃《こうげき》や侵略《しんりゃく》を受けることがないよう、日頃から警戒《けいかい》・監視《かんし》といった任務を行っています。そして、攻撃《こうげき》や侵略《しんりゃく》を受けた時に、それらを防ぐ活動が適正に行えるよう、訓練をくり返しています。

さらにその訓練の成果は、攻撃《こうげき》や侵略《しんりゃく》を受けた時のみでなく、平時の今も「抑止力《よくしりょく》」として機能しています。ある国や組織が、「日本を攻撃《こうげき》しよう」、「侵略《しんりゃく》しよう」と企図《きと》した時に、自衛隊がそれを確実に防ぐ力をもっていれば、その国や組織は「日本を攻撃《こうげき》する」、「侵略《しんりゃく》する」という目的を果たせないばかりか、大きな損害を被《こうむ》ります。日本への攻撃《こうげき》や侵略《しんりゃく》を企図《きと》しても、それが不可能であり、さらに損害を被《こうむ》るのであれば、侵略《しんりゃく》や攻撃《こうげき》を思いとどまるでしょう。

自衛隊は、攻撃《こうげき》や侵略《しんりゃく》を受けた時の防衛力だけでなく、平和をつくり続けるための抑止《よくし》力《りょく》をもち、日本の安全を守っています。

装備《そうび》やノウハウを、災害時の救助・支援《しえん》に活用

自衛隊の前身は、1950年につくられた「警察予備隊」です。当時は警察の予備としての位置付けでしたが、1954年に防衛庁《ぼうえいちょう》が、そして同時に自衛隊が誕生《たんじょう》。2007年には防衛庁が防衛省《ぼうえいしょう》となり、現在の形ができあがりました。

自衛隊がつくられた目的、そして主任務は、前述の通り「我が国の防衛」です。さらに、防衛のための力や装備《そうび》を活かし、災害時にも救難・救助や支援《しえん》活動を行っています。テレビや新聞で自衛隊の活動が取り上げられるのは災害時がほとんどなので、「自衛隊＝災害派遣《はけん》のための組織」と認識されがちなのですが、災害派遣《はけん》はあくまでも、防衛力を活かし、都道府県知事などからの要請《ようせい》に基づいて行っている活動。自衛隊が災害派遣《はけん》活動を行うさいには、「公共性」、「緊急性《きんきゅうせい》」、「非代替性《ひだいたいせい》」の三つの要件を総合的に判断します。

1．公共性　公共の秩序《ちつじょ》を維持《いじ》するため、人命又《また》は財産を社会的に保護する必要性があること

2．緊急性《きんきゅうせい》　さし迫《せま》った必要性があること

3．非代替性《ひだいたいせい》　自衛隊の部隊が派遣《はけん》される以外にほかに適切な手段がないこと

この3要件の判断を踏《ふ》まえ、都道府県知事などからの要請《ようせい》があった場合に、自衛隊が災害派遣《はけん》活動を行います（特に緊急《きんきゅう》を要し、要請《ようせい》を待ついとまがないと認められる場合は、要請《ようせい》を受ける前に活動を始めることもあります）。

ドキュメント1で、災害派遣《はけん》活動に参加した輸送機パイロット・松岡さんの活動を紹介《しょうかい》しましたが、この輸送機も、パイロットの育成も、そもそもは国防のために備えたもの。また災害時のニュースでは、被災者《ひさいしゃ》のために自衛隊が仮設のお風呂《ふろ》をつくって入浴支援《しえん》活動を行ったり、給食支援《しえん》、給水支援《しえん》活動を行っているシーンを見たことがある方も多いと思いますが、これらも同じく、任務や訓練で野外活動を行う自衛隊員のための装備《そうび》やノウハウを、災害時に活用しているのです。

自衛隊はすべてをまかなえる自己完結型組織

大きな災害が起きたとき、自衛隊はすぐに災害現場へ急行し、救助や支援《しえん》を行います。そしてこの活動は、長期にわたって継続《けいぞく》することもあります。このような活動ができる組織は、日本には自衛隊以外になく、それは自衛隊が「自己完結型組織」だから、といわれています。

救助や支援《しえん》といった活動は自衛隊以外の組織でも可能ですが、これを継続《けいぞく》するためには、さまざまな装備《そうび》や物資、能力が必要です。被災地《ひさいち》に向かうさいには、陸路、海路、空路での輸送が欠かせませんし、寝食《しんしょく》をする場所や物がなければ被災地《ひさいち》に滞在《たいざい》することはできません。衛生を保つためには入浴、洗濯《せんたく》も同様で、また活動には傷病が付き物ですから医療《いりょう》の設備、スタッフも同行しなければなりません。

自衛隊は、「生《い》き抜《ぬ》く」ためのすべてをそろえた、「自己完結」で活動を行うことができる組織です。この自己完結能力も、攻撃《こうげき》や侵略《しんりゃく》を防ぐ活動や、その訓練によりつくられた防衛力の一部。防衛力は、有事だけでなく災害時にも役立てられ、私たちを守る力となっています。

日本を守る防衛力で、世界の安全に寄与する

災害派遣《はけん》活動と同じように、防衛力を活かした活動はほかにもあります。それが、海洋安全保障の確保や、国際平和協力活動への取組といった、海外での活動です。

現在自衛隊は、ソマリア沖《おき》・アデン湾《わん》の海域で「海賊《かいぞく》対処行動」を行っています。ソマリア沖《おき》・アデン湾《わん》の海域は世界の重要な海上交通路で、日本関係船舶《せんぱく》も年間約１７００隻《せき》が通行しています。私たちの暮《く》らしに必要な燃料や輸出入される物資も、多くがこの海域を通る船舶《せんぱく》によって運ばれていますが、この海域では海賊《かいぞく》が機関銃やロケット・ランチャ

ーなどで武装《ぶそう》しており、2008年ごろより海賊《かいぞく》事案が多発・急増しました。

そこで各国が協力して船舶《せんぱく》を護衛する活動を行うことになり、日本からは自衛隊が派遣《はけん》されました。ソマリア沖《おき》・アデン湾《わん》の海域では、海上自衛隊の護衛艦《ごえいかん》が船舶《せんぱく》を護衛し、また空からは海上自衛隊の「哨戒機《しょうかいき》」という飛行機が警戒《けいかい》・監視《かんし》を続けています。哨戒機《しょうかいき》は、ソマリア沖《おき》・アデン湾《わん》に接するジブチ共和国の空港から離発着《りはっちゃく》しているのですが、空港の脇《わき》には哨戒機《しょうかいき》の駐機場《ちゅうきじょう》、またパイロットや整備員が生活する拠点《きょてん》が置かれています。拠点《きょてん》には、警備や施設《しせつ》の保守など、任務のサポートを行う陸上自衛官も派遣《はけん》されています。

この海賊《かいぞく》対処行動に派遣《はけん》されている護衛艦《ごえいかん》は、そもそもは日本周辺の海域を守るためのものです。そして哨戒機《しょうかいき》も、日本周辺の海域を警戒《けいかい》・監視《かんし》するために装備《そうび》されました。ジブチ共和国の拠点《きょてん》で警備や施設《しせつ》の保守を行うための装備《そうび》やノウハウも、国防のために備えているものです。海外での活動でも、災害派遣《はけん》活動と同じように自衛隊の防衛力が活かされています。

自衛隊の仕事

隊員の毎日の仕事は、主に「任務」「訓練」「業務」の三つ

国防という重要任務のために行う、日々の仕事

メディアに自衛隊が登場するのは災害派《は》遣《けん》活動のときがほとんどです。そのため、「災害が起こってないときは、自衛隊は何をしているんだろう」という疑問をもっている人は少なくありません。自衛隊はいつも何をしているのか――それは、大きく分けると、

①実任務
②任務に備えた訓練
③任務や訓練をサポートする業務

の三つです。

①の「実任務」は、「実際に行う任務」のこと。国防任務のために行っている活動、災

害派遣《はけん》活動、国際平和協力活動などがこれに当たります。

そして、②の「任務に備えた訓練」。日本が攻撃《こうげき》や侵略《しんりゃく》を受けた時に、自衛隊はそれらを防ぐ活動をするのですが、これはいざその時になって実行しようと思っても急にできるものではなく、日頃《ひごろ》からの訓練が欠かせません。こういった、攻撃《こうげき》や侵略《しんりゃく》に備えた訓練、また①の実任務のための訓練が、自衛隊では日頃《ひごろ》からくり返し行われています。

③の「任務や訓練をサポートする業務」は、①の実任務や、②の訓練をサポートする業務です。任務や訓練には物が必要ですので、それらを調達・保管したり輸送しなければなりません。隊員の衣食住を整えたり、建物や通信設備も必要です。そして何をするにしてもお金は不可欠ですので、会計・経理の業務も、さらに衛生・医療面《いりょうめん》でのサポートも行います。

では、ここからはこの①実任務、②任務に備えた訓練、③任務や訓練をサポートする業務をくわしく見ていきましょう。

自衛隊の任務

領空、領海を守り、国土の安全化を図る。そして、災害派遣活動も

警《けい》戒《かい》・監《かん》視《し》とスクランブル発進

有事の状態ではない現在も、自衛隊は24時間365日態勢で国防任務を行っています。そのうちのひとつが、「対領空侵犯措置《しんぱんそち》」です。

外国の航空機が、日本の領空へ不法に侵入《しんにゅう》することを「領空侵犯《しんぱん》」といいます。領空侵《しん》犯《ぱん》のおそれがある航空機などを発見した時に行うのが「対領空侵犯措置《しんぱんそち》」です。航空自衛隊の基地に待機している戦闘機《せんとうき》が緊急《きんきゅう》発進し、発見した航空機に近づいて、どの国・地域の航空機なのかを確認、領空からの退去を警告したり、最寄りの空港へ強制着陸させるといった対処をします。

対領空侵犯措置《しんぱんそち》で戦闘機《せんとうき》が緊急《きんきゅう》発進することを、「スクランブル発進」と呼びます。2

018年度のスクランブル発進の回数は999回、2019年度は947回。内訳は約7割が中国機《ちゅうごくき》、約3割がロシア機でした。

領空は、レーダーなどで24時間365日、常に警戒《けいかい》・監視《かんし》をしています。この警戒《けいかい》・監《かん》視《し》で領空侵犯《しんぱん》のおそれがある航空機を発見します。

また、近年たびたびニュースになるように、他国から弾道《だんどう》ミサイルが発射されることもあります。弾道《だんどう》ミサイルは短時間で目標地域に到達《とうたつ》するため、日本に向けられて発射された場合は海上自衛隊のイージス艦《かん》、航空自衛隊のペトリオットですぐに迎撃《げいげき》できるよう、常に準備を整えています。

領空と同じように、日本周辺の海域や空域も24時間365日態勢で警戒《けいかい》・監視《かんし》を続けています。海上自衛隊の護衛艦《ごえいかん》、潜水艦《せんすいかん》が日本周辺の海を航行し、また上空ではパトロール用の飛行機「哨戒機《しょうかいき》」が飛行。護衛艦《ごえいかん》には「哨戒《しょうかい》ヘリ」が搭載《とうさい》されており、航行中の護衛《ごえい》艦《かん》から離陸《りりく》し付近を警戒《けいかい》・監視《かんし》することもあります。

不発弾《ふはつだん》や魚雷《ぎょらい》を処理し、地域と海域を安全に

不発弾《ふはつだん》や機雷《きらい》、魚雷《ぎょらい》などを処理し、地域・海域を安全にするのも自衛隊の任務です。日本国内には、第二次世界大戦中に投下された爆弾《ばくだん》や魚雷《ぎょらい》が今も残っており、発見されると

陸上自衛隊の不発弾《ふはつだん》処理隊や海上自衛隊の掃海艦艇《そうかいかんてい》がその処理に当たります。

終戦から75年が経過し、その処理件数は年々減少していますが、まだ数多くの不発弾《ふはつだん》や魚雷《ぎょらい》が発見されており、２０１９年度は陸上で１４４１件、総重量33トンの不発弾《ふはつだん》が処理されました。そのうちもっとも多いのが沖縄《おきなわ》県で、県内だけで５２９件、総重量は約18トンでした。また海上では魚雷《ぎょらい》、爆雷《ばくらい》、爆弾《ばくだん》、砲弾《ほうだん》など５０９個が処理され、総重量は約３・５トンでした。

私たちの生活を支える、日々の災害派遣《はけん》活動

報道で大きく取り上げられる災害派遣《はけん》活動は、地震《じしん》や台風、豪雨《ごうう》、家畜《かちく》伝染病といったものだけですが、それ以外でも自衛隊は毎年多くの災害派遣《はけん》を行っています。

山林での火災では上空から水を投下して消火活動を行うため、自衛隊のヘリコプターが派遣《はけん》されます。また、駐屯地《ちゅうとんち》・基地内での火災に対応するため、各駐屯地《ちゅうとんち》・基地には消防車が配備されているのですが、駐屯地《ちゅうとんち》・基地の近隣《きんりん》で火災が起きた時には自衛隊の消防車で消化活動を支援《しえん》することもあります。

任務や訓練を行っている隊員が山岳《さんがく》や海上で遭難《そうなん》した時に備え、自衛隊には救難・救助を担当する隊員や、そのための航空機がありますが、一般市民がレジャーや仕事中に遭難《そうなん》

図表1 災害派遣の実績（過去3年間）

年度	2017	九州北部豪雨（2017）	2018	平成30年7月豪雨（2018）	平成30年北海道胆振東部地震（2018）	2019	令和元年房総半島台風（台風第15号）	令和元年東日本台風（台風第19号）
件数	501	—	430	12	1	447	1	1
人員（人）	2万3,838	約8万1,950	2万2,665	約95万7,000	約21万1,000	4万3,285	現地活動人員 約5万4,000名 活動人員 約9万6,000名	現地活動人員 約8万4,000名 活動人員 約88万0,000名

※九州北部豪雨、平成30年7月豪雨、平成30年北海道胆振東部地震、令和元年房総半島台風（台風第15号）及び令和元年東日本台風（台風第19号）については、それぞれの年度の派遣実績から除く。

※活動人員とは、現地活動人員に加えて整備・通信要員、司令部要員、待機・交代要員等の後方活動人員を含めた人員数。

したときに、自衛隊に救難・救助の要請《ようせい》が出される場合もあります。

そして、毎年の災害派遣《はけん》のなかで、もっとも多いのが急患《きゅうかん》輸送です。離島《りとう》や海上を航行中の船舶《せんぱく》で傷病者が出た場合、対応できる設備のある病院に搬送《はんそう》するには、航空機が必要です。この活動は、基本的には消防や海上保安庁のヘリコプターが行うのですが、地域や天候などの条件によっては自衛隊が要請《ようせい》を受け、急患輸送を行います。

これらすべての活動を合わせると、２０１９年度の災害派遣《はけん》件数は４４９件、のべ約１０６万人の隊員が参加しました。このような、報道されることのない日々の災害派遣《はけん》でも、自衛隊の防衛力が活用されています。

ミニドキュメント 1 スクランブル発進の戦闘機を導く兵器管制官

レーダーを読み取りパイロットへ。瞬時の判断で領空侵犯に対処する

航空自衛隊《こうくうじえいたい》 2等空尉《とうくうい》
塩原昌広《しおばらまさひろ》さん

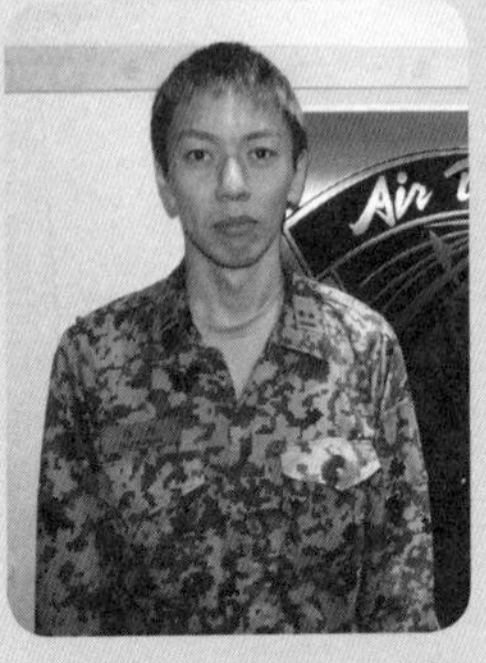

対領空侵犯《しんぱん》措置《そち》で活躍《かつやく》する兵器管制官

外国の航空機が領空侵犯《しんぱん》をしたり、またそのおそれがあると、航空自衛隊の基地に待機している戦闘機《せんとうき》がスクランブル発進をする。そして発見した航空機に近づき、どの国・地域の航空機かを確認し、領空からの退去を警告したり、最寄りの空港へ強制着陸させる。

外国の航空機の元へ飛び、最前線で行動するのは戦闘機《せんとうき》のみだが、その行動は多くの隊員に支援《しえん》されている。なかでも重要なのは、戦闘機《せんとうき》パイロットと直接無線通信し、パイロットの行動を導く「兵器管制官」だ。

自衛隊の「管制官」には、「航空管制官」と「兵器管制官」の二つがある。「航空管制官」の仕事は、空港の滑走路脇《かっそうろわき》に立つ「管制《かんせい》

塔《とう》」というタワーやレーダー管制室で、飛行・離陸《りりく》・着陸する航空機を誘導《ゆうどう》する、いわば「空の交通整理人」のような役割。羽田《はねだ》空港や関西国際《かんさいこくさい》空港といった一般《いっぱん》の空港では、国土交通省《こくどこうつうしょう》の職員である航空管制官が勤務しており、自衛隊の航空基地がある空港では、防衛省の職員である自衛官が航空管制官を務めている。

一方、「兵器管制官」は、対領空侵犯《しんぱん》措置《そち》などに特化した管制。領空に接近・侵入《しんにゅう》してくる航空機をできるだけ早く発見、識別し、スクランブル発進した戦闘機《せんとうき》を誘導《ゆうどう》するのだ。

空曹《くうそう》の時は兵器管制官を補佐《ほさ》

埼玉《さいたま》県の入間《いるま》基地にある「中部《ちゅうぶ》防空管制群」の「防空管制隊」に勤務し、兵器管制官を務める塩原昌広さんは、以前あった「自衛隊生徒」という制度で、航空自衛隊に入隊した。

現在、陸上自衛隊には「高等工科学校」という、高校の普通《ふつう》科、工業科、そして防衛基《き》礎《そ》を専門的に学ぶ学校がある。中学卒業後に入校し、卒業後は陸曹《りくそう》として勤務する陸上自衛官を育成するのだが、以前は同様の学校が海上自衛隊、航空自衛隊にもあり、「自衛隊生徒」と呼ばれていた。

「中学2年生の時に、母親とアメリカ軍横田《よこた》基地の友好祭に行ったのですが、そこに自衛隊の広報ブースがありました。『衣食住がそろっていて、給料がもらえて、都会に行ける』という話にひかれたことが正直なところ大きかったのですが（笑）、将来の仕事を決めるなら早いほうがいいと思い、受験しました」

自衛隊生徒を卒業後、空曹《くうそう》の階級となり「警戒《けいかい》管制」職種に配属された塩原さん。兵器管制官を務めるのは、階級が3等空尉《くうい》以上の「幹部」のみで、空曹《くうそう》の塩原さんは兵器管制官の補佐《ほさ》を務めた。戦闘機《せんとうき》の誘導《ゆうどう》や行動の判断をする兵器管制官が必要な情報を、レーダーを使って収集したり、助言をするのが主な仕事だった。

兵器管制官をめざし、幹部試験に合格

当時、塩原さんが勤務していたのは、沖縄県の那覇《なは》基地にある「南西《なんせい》防空管制群」。南西地域での領空侵犯《しんぱん》やそのおそれがある外国機が多発し、那覇基地からのスクランブル発進が急増したころだった。以前はロシア機に対するスクランブル発進がもっとも多かったが、中国機が急増したということで、このニュースはテレビや新聞でたびたび報道された。

「この時、自分の仕事が国防に役立ってるんだと強く実感しました。すぐ側で仕事をしている兵器管制官は、スクランブル発進した戦《せん》闘機《とうき》パイロットと無線で会話をし、状況《じょうきょう》判断してパイロットを誘導《ゆうどう》しています。その姿を間近に見ていて、私も兵器管制官になりたいと思うようになりました」と塩原さん。しかし、兵器管制官になるには幹部への昇任《しょうにん》試験を突破《とっぱ》しなければならない。塩原さんは那覇基地で7年勤務し、幹部への試験に合格、奈良《なら》県の航空自衛隊・幹部候補生学校に進んだ。

秒の世界でパイロットと意思疎通《そつう》を

幹部候補生学校を卒業後、術科学校で半年間の教育を受けた塩原さんは、現在の入間基地で兵器管制官として勤務することになった。

「兵器管制官の資格は取得したものの、まだ

まだ先輩《せんぱい》のようにはいきません。少しずつパイロットと意思疎通《そつう》が図れるようになり、自信をもってパイロットを誘導《ゆうどう》できるようになってきたかな、理想に近づけてきているかなとは思うのですが……」

こう塩原さんが語るように、兵器管制官の仕事のなかでもっとも重要なのは、「パイロットとの意思疎通《そつう》」だ。対領空侵犯《しんぱん》措置《そち》では、無線だけがパイロットとの意思疎通《そつう》の手段。戦闘機《せんとうき》はスピードが速いため、会話中のたった２～３秒で２～３キロメートルの距離《きょり》を進む。伝達がうまくいかず、聞き返すようなことがあればその数秒で戦闘機《せんとうき》はあっという間に先へ飛んでいってしまう。そのため、誰《だれ》が聞いてもわかるような言葉、言い方で伝えなければならず、兵器管制官には「一言必達」というスローガンがあるそうだ。

不審な航空機などが日本の領空に接近していないか、厳しい眼差しでモニターを監視する

防空に必要な判断力、瞬発力《しゅんぱつりょく》、知識

兵器管制官に重要なものはほかにもある。それは、判断力と瞬発力《しゅんぱつりょく》。これも戦闘機《せんとうき》のスピードによるもので、数秒で戦闘機《せんとうき》の置かれている状況《じょうきょう》が変わってしまうため、何かがあった時に瞬時《しゅんじ》に判断できる能力が必要なのだ。

そして、兵器管制官に欠かせないのが知識。対領空侵犯措置《しんぱんそち》は航空法、自衛隊法、国際法に則って行われるため、これらの知識を身に着けておくことは必須《ひっす》で、さらにこれらの知識をどう活かすかが求められる。

意思疎通《そつう》、判断力と瞬発力《しゅんぱつりょく》、そして知識。兵器管制官は、外国機が起こす行動によって、戦闘機《せんとうき》をどう誘導《ゆうどう》するかといった状況《じょうきょう》を幾通《いくとお》りも想定した訓練をくり返し行っている。しかしどれだけ訓練を重ねても、実際に「まったく同じ状況《じょうきょう》」になることはなく、実際の任務では訓練をどう活かすかという柔軟性《じゅうなんせい》が必要なのだそうだ。

目の前の勉強を一生懸命《けんめい》に

「兵器管制官には、どんな人が向いているでしょうか」と塩原さんに尋《たず》ねると、「やらなきゃいけないことを、一生懸命《けんめい》やれる人」という答えが返ってきた。

「もちろん頭のよさ、体力も必要かもしれません。私は、勉強はどちらかといえば得意でしたが、運動は得意ではなく体はひょろひょろでした。入隊前はほんとうにやっていけるか不安ばかりでしたが、入隊して教育を受けるうちに、身体的にも精神的にも徐々《じょじょ》に向上していったのでその点は心配ありません。兵器管制官になるには、資格を取ったり、訓練

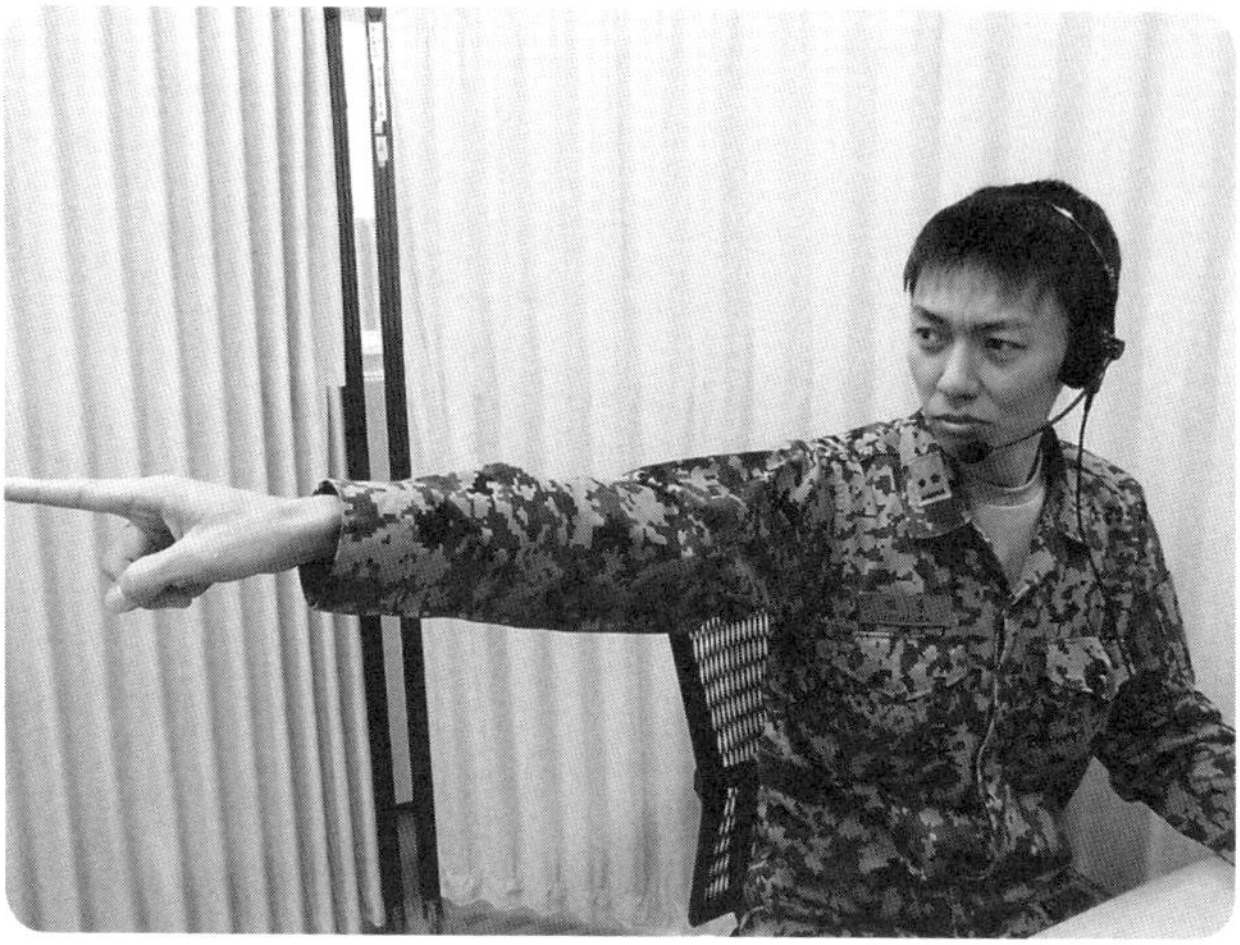
緊急発進（スクランブル）の指示を出す塩原さん

もくり返し行わなければなりません。つらいこと、悩《なや》むこともありますが、やらなきゃいけないこと、やるべき目の前のことを一生懸命《けんめい》やれば、基本的には誰《だれ》でもできるようになる仕事だと思います。天才的な発想といったことは必要ありませんから」

そして、将来自衛官をめざす人に、こんなメッセージをくれた。

「自衛官をめざしている人には、今、目の前の勉強をがんばってほしいです。自衛官として必要な勉強は入隊してからたくさんしますが、入隊する前にひとりの社会人としての教養をもっているとよいと思います。現在、私は英語の勉強をがんばっていますが、もっとやっておけばよかったと思っています。今できる目の前の勉強をがんばっておけば、入隊してからもとても役に立つと思います」

ミニドキュメント 2 PAC-3で日本を守る高射操作員

国土への被害を防ぐため、弾道ミサイルを迎撃するペトリオットシステム

航空自衛隊《こうくうじえいたい》 1等空曹《とうくうそう》
山本和美《やまもとかずみ》さん

ペトリオットを担当する高射操作員

「北朝鮮《きたちょうせん》からミサイルが発射された模様です」

読者のなかにも、このようなJアラート（全国瞬時《しゅんじ》警報システム）を受信した経験のある人は多いだろう。近年、北朝鮮による弾《だん》道《どう》ミサイル発射実験が活発になっているが、弾道ミサイルには化学兵器や核兵器が搭載《とうさい》される可能性もあり、日本に飛来する場合は海上自衛隊のイージス艦《かん》、航空自衛隊の「ペトリオット」で迎撃《げいげき》し、その被害《ひがい》を防ぐ。

埼玉県・入間基地の「第4高射隊」に勤務する山本和美さんは、「PAC-3」というペトリオットシステムの「高射操作員」。地上から空にある目標物に向けてミサイルを撃《う》つ職種を「高射」といい、高射操作員はこの高

射職種の隊員だ。山本さんら高射操作員は、日頃《ひごろ》から万が一に備えてペトリオットシステムの訓練を重ね、また任務が確実に行えるようにその整備を行っている。さらに、災害派《は》遣《けん》では被災者《ひさいしゃ》への給水活動も実施《じっし》している。

多様な装備《そうび》のペトリオットシステム

ペトリオットシステムは、多くの車両からなる。迎撃《げいげき》ミサイルを搭載《とうさい》し発射する車両、目標を見つけ出すためのレーダーを送る車両、レーダー画面を解析《かいせき》する車両、通信のための車両、そしてこれらの車両すべてに電源を送る車両などだ。高射操作員はこのうち、主にミサイルやレーダーにかかわる作業を行うのだが、ペトリオットシステムを設置する場所までの車両の運転、そして到着《とうちゃく》してから各種車両の展開（移動の態勢からミサイルを迎撃《げいげき》できる態勢へ移すこと）も、高射操作員の仕事だ。弾道《だんどう》ミサイルの発射に備え、高射隊は24時間365日体制。事前に申請《しんせい》を行えば帰省や旅行もできるが、「待機要員の勤務に就いている時は常にドキドキしています」と山本さんは話す。

ペトリオットシステムを展開する場所は、弾道《だんどう》ミサイルの飛翔《ひしょう》コースによるため、そのときどきで異なる。展開すれば一定期間をその場所で過ごすことになるので、高射隊にはソファベッドを積んだ車両、食事を作るための車両、シャワー・トイレを備えた車両、大量の水を積んだ車両が装備《そうび》され、隊員はこれらを操作する訓練も行っている。また大量の水を積んだ「水タンク車」や、ソファベッドを積んだ「待機車」は、災害時には被災者《ひさいしゃ》のために提供され、災害派遣《はけん》活動でも活用された。

とりあえず、3年がんばってみよう

山本さんは、2003年に「任期制自衛官」（現在の「自衛官候補生」に近い募集《ぼしゅう》種目）として航空自衛隊に入隊した。

「自衛隊のことはよくわからなかったのですが、地方協力本部の広報官がわかりやすくお話をしてくれて、『受けるのはタダだし』と思って受験しました。自衛隊というと、レンジャーのような厳しいイメージしかなく、体力的についていけるか心配だったのですが、高校の卒業式が終わって髪《かみ》を短く切ったら『とりあえず、任期の3年間がんばってみよう』とふっきれました」と山本さん。入隊してみると、心配していた体力面の訓練もそれほど苦ではなかったそうだ。

「もちろん、足の速い人もいましたが、私よりも遅《おそ》い人もいました。OLを経験してから入隊した人もいて、年上の人ががんばっているんだから私もがんばろうと思いました。同期がすごくいい人たちばかりで、みんなといっしょだからがんばれたと思います」

「自衛官を辞めよう」と考えたことも

その後、高射操作員となり、北海道《ほっかいどう》の千歳《ちとせ》基地にある「第9高射隊」に配属された山本さん。航空自衛官の空士は、入隊から3年で最初の任期満了《まんりょう》を迎《むか》えるのだが、このころに本気で「自衛官を辞めよう」と考えたことがあるという。

「当時、大学に進学した同級生たちはみんな、髪《かみ》を染め、きれいにメークをしておしゃれな学生生活を送っていました。それがうらやましくなって、私も自衛隊を辞めて一般《いっぱん》企業《きぎょう》に勤めたいと思うようになりました。そうすれば、同級生のようなおしゃれな生活ができるんじゃないかと……若気の至りです」

こう話す山本さんだが、年ごろの女の子ならそう考えて当然だろう。山本さんだけでなく、ほかの若い女性隊員からも「自衛官ではない友だちを見て、ふと『私、何やってんだろう』と思うことは正直ある」との声はよく聞く。しかし、山本さんは自衛官を辞めず、次の任期も継続《けいぞく》することにした。それは、「いざほんとうに自衛隊を辞めたとき、『どんな会社で、何がしたいのか』を思いつかなかった」から。

「とりあえず、つぎの任期満了《まんりょう》まで2年がんばろう」と決めた山本さん。その後は業務や訓練、任務に達成感をもつようになり、またプライベートでは車を購入《こうにゅう》し、気付けば自衛

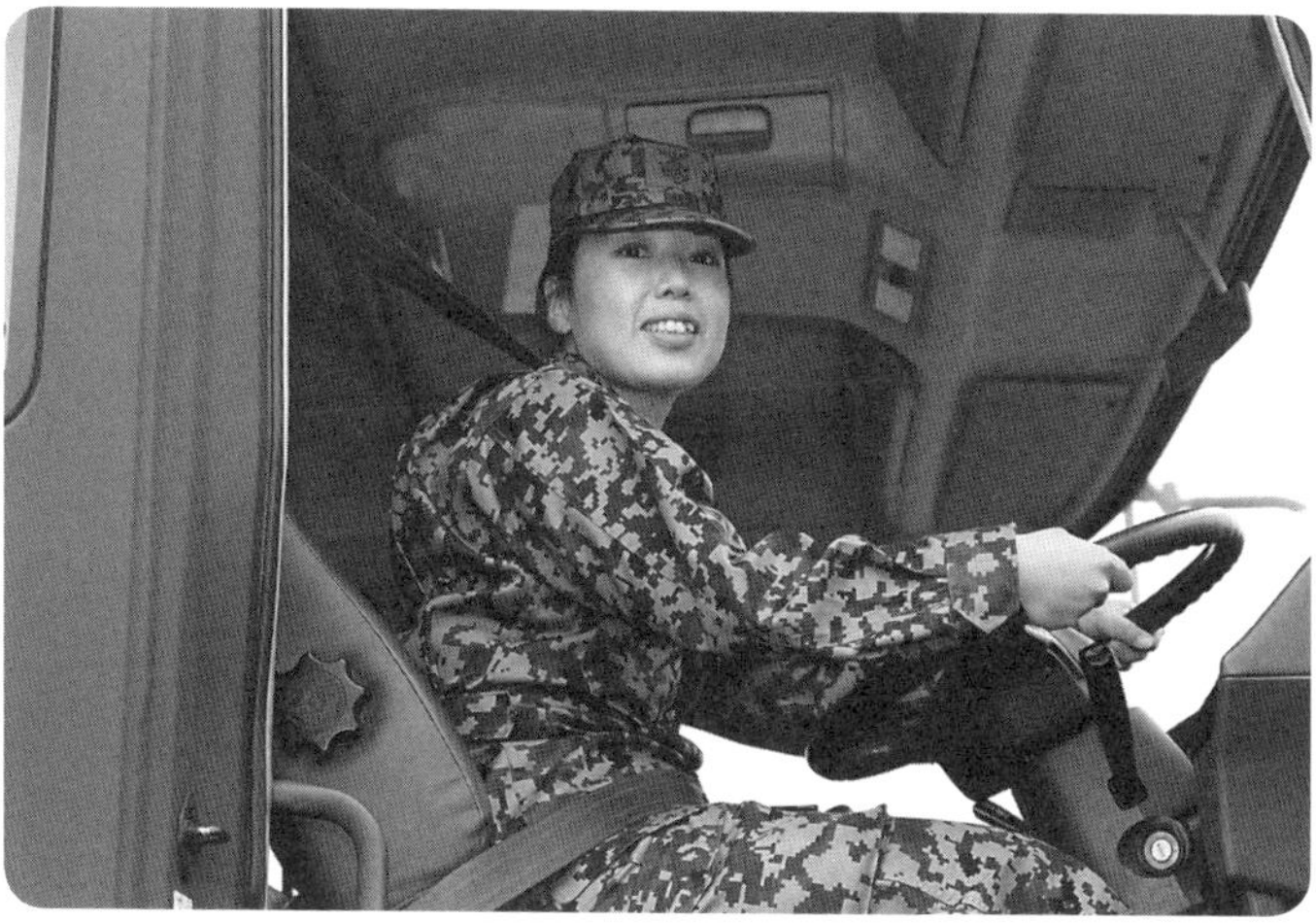

トレーラーもみずから運転します

官としての生活に満足するようになっていた。

そして、空曹《くうそう》の昇任《しょうにん》試験に合格し、23歳《さい》で3等空曹《くうそう》になると、「自衛官として続けられる限り、職務を全うしよう」という覚悟《かくご》をもつようになったそうだ。

さまざまな経験を積み、1等空曹《くうそう》へ

山本さんはその後、29歳《さい》で2等空曹《くうそう》へ、35歳《さい》で1等空曹《くうそう》へと順調に昇任《しょうにん》。一時は高射操作員の勤務を離《はな》れ、2年間「航空幕僚監部《ばくりょうかんぶ》」での勤務も経験した。航空幕僚監部《ばくりょうかんぶ》は東京《とうきょう》都の市ケ谷《いちがや》基地にあり、航空自衛隊のトップである「航空幕僚長《ばくりょうちょう》」とその直近スタッフが勤務する部署。山本さんは総務部に勤務し、幕僚《ばくりょう》副長のサポートをする任務に就いた。

高射隊に戻《もど》った現在は高射操作員だけでなく、「部隊訓練係」も兼任している。

「今の仕事でのやりがいは、『首都圏《しゅとけん》防空』の第一線部隊の一員として任務に就いていることです。また災害派遣《はけん》で、被災《ひさい》された方々が必要とする水や物資を運ぶ業務を行ったさいに感謝の言葉をいただき、人の役に立つことが少しでもできていると実感しました。自衛官になってほんとうによかったです」

仕事だけでなくプライベートも充実《じゅうじつ》

最初の任期満了《まんりょう》で「同級生のようなおしゃれな生活がしたい」と、自衛官を辞めようとまで思った山本さんだが、その後は「自衛官」だけでなく「女子」も楽しむようになった。

「自衛官として勤務している時は、派手な髪形《かみがた》やメイクはできませんが、休日には可能な限りのおしゃれをして、同級生たちと同じように年相応のふつうの女性を楽しんでいます」

隊員の訓練管理や部隊の行動を計画します

　高射は射程距離《きょり》が長いため日本国内では訓練ができず、実弾射撃《じつだんしゃげき》訓練はアメリカで行っている。また、国内のアメリカ軍基地にも、広報業務などで訪れることがある。そこで山本さんは「もっと英語が話せるようになりたい」と思い、高校までは苦手だった英語をもう一度勉強しようと、休日に英会話のレッスンに通うようにもなった。

　また、階級が曹《そう》・士の独身自衛官は駐屯《ちゅうとん》地《ち》・基地内に住むことが原則だが、「階級が2曹《そう》以上、年齢《ねんれい》が30歳《さい》以上」になれば、部隊長の許可を得て駐屯地《ちゅうとんち》・基地の外に住むことができる。29歳《さい》で2等空曹《くうそう》になった山本さんは、30歳《さい》を機に基地の外に出てひとり暮《ぐ》らしを始めた。女性としてのおしゃれ、英会話、ひとり暮《ぐ》らし。――山本さんは、勤務でもプライベートでも充実《じゅうじつ》した日々を送っている。

ミニドキュメント 3 哨戒機の頭脳となる戦術航空士

洋上をパトロールし、装備と戦術を駆使して海中の潜水艦を探し出す

編集部撮影

海上自衛隊《かいじょうじえいたい》　1等《とう》海尉《かいい》
田中達也《たなかたつや》さん

世界から高い評価を得る哨戒《しょうかい》能力

「飛行機の機長」といえば、パイロットを思《おも》い浮《う》かべる人がほとんどだろう。しかし海上自衛隊には、パイロットではない機長が存在する。それが「哨戒機《しょうかいき》」に搭乗《とうじょう》する「戦術航空士」だ。

哨戒機《しょうかいき》は、洋上を警戒《けいかい》・監視《かんし》する飛行機。不審《ふしん》な艦艇《かんてい》が日本付近にいないか、日々フライトを行っている。現在、海上自衛隊には「P-3C」、「P-1」という二つの哨戒機《しょうかいき》があり、どちらの頭にも付く「P」は、哨戒機《しょうかいき》の任務である「パトロール」を意味している。

ふだんは日本近海で発揮されている哨戒機《しょうかいき》の警戒《けいかい》・監視《かんし》能力は、ソマリア沖《おき》・アデン湾《わん》の海域での海賊《かいぞく》対処行動にも活かされており、

海上自衛隊の哨戒《しょうかい》能力は世界各国から高い評価を得ている。また、災害派遣《はけん》では救難や急《きゅう》患《かん》輸送でも活躍《かつやく》しており、東日本大震災では洋上から遭難者《そうなんしゃ》の捜索《そうさく》を行った。

11名のクルーで潜水艦《せんすいかん》を捜索《そうさく》

洋上から警戒《けいかい》・監視《かんし》する哨戒機《しょうかいき》だが、自衛隊の航空機のなかでもっとも長《た》けていることがある。それは艦艇《かんてい》、とりわけ潜水艦《せんすいかん》を発見することだ。広大な海の中にひそむ潜水艦《せんすいかん》を発見するにはさまざまな情報が必要で、機内にはレーダーやセンサー、また音響《おんきょう》を探知するソノブイなどが搭載《とうさい》されている。

P-1哨戒機《しょうかいき》は通常、11名のクルーで任務を行う。まず、操縦を行うパイロットが2名、「飛行計器を担当する「機上整備員」が1名、電子機器を担当する「機上電子整備員」が1名。また、ソノブイで海中の音を分析《ぶんせき》する「音響員《おんきょういん》」が2名、画像やレーダー、磁気により探知する「非音響員《ひおんきょういん》」が2名、ソノブイや機雷《きらい》、ミサイルの搭載《とうさい》を担当する「機上武器員」が1名。そして、これらのクルーが収集した情報を総合的に判断し、戦術を組み立てるのが2名の「戦術航空士」だ。

安全な飛行、任務の遂行《すいこう》、二つの目的

哨戒機《しょうかいき》以外の飛行機、たとえば輸送機や旅客機の目的は、人員や物資を運ぶために「安全に飛行する」こと。よって、安全な飛行の全責任を負うパイロットが機長を担う。

一方、哨戒機《しょうかいき》には「安全に飛行する」だけでなく「任務を遂行《すいこう》する」という大きな目的がある。警戒《けいかい》・監視《かんし》、潜水艦《せんすいかん》の探知という哨《しょう》戒機《かいき》の任務に関しては戦術航空士がその全責

任を負っており、哨戒機《しょうかいき》ではパイロットか戦術航空士のどちらかが機長を務める。どちらが機長を担当するかはフライトによって異なり、搭乗《とうじょう》するパイロットと戦術航空士のうち、階級の高い隊員が機長を任される。

11人のクルーがチームとなり、任務を行う哨戒機《しょうかいき》。P-1の戦術航空士である田中達也さんは、「チームの雰囲気《ふんいき》づくり、特に発言しやすい環境《かんきょう》づくりに努めています」と語る。

「パイロットと戦術航空士は幹部なので、ほかのクルーが委縮《いしゅく》して発言を控《ひか》えてしまうことがあります。しかし、レーダーやソノブイなど、それぞれを担当するクルーが得た情報を伝えてもらえなければ、戦術航空士は戦術を組めません。少しでも多くの情報を伝えてくれるように、フライト中だけでなく、ふだんから話しやすい雰囲気《ふんいき》をつくっています」

潜水艦《せんすいかん》との〝対抗戦〟訓練で切磋琢磨《せっさたくま》

潜水艦《せんすいかん》を探知する哨戒機《しょうかいき》、そして探知されないように海中を進む潜水艦《せんすいかん》。この相反する任務の特性を利用し、海上自衛隊では哨戒機《しょうかいき》と潜水艦《せんすいかん》が〝対抗戦〟のような形で訓練を行う。田中さんもこの訓練に参加しているが、「海上自衛隊の潜水艦《せんすいかん》はとても手強い」のだそうだ。

「洋上での警戒《けいかい》・監視《かんし》任務に就き、そして訓練も行っていますが、海上自衛隊の潜水艦《せんすいかん》はほんとうに見つけにくく、私は『世界でいちばん手強いのは海上自衛隊の潜水艦《せんすいかん》』だと思っています。海中の雑音のなかから潜水艦《せんすいかん》を探すのですが、千載一遇《せんざいいちぐう》のチャンスを逃《のが》して見つけられなかった時は冷《ひ》や汗《あせ》もので、『もうこのままどこかに飛んでいってしまいたい……』というくらい落《お》ち込《こ》みます（笑）。だから、海上自衛隊の潜水艦《せんすいかん》を見つける訓練を続けていれば、他国のどんな艦艇《かんてい》に対峙《たいじ》するのも怖《こわ》くありません」

英語が苦手でもやる気があればだいじょうぶ

パイロットと同様に、英語が必須《ひっす》の戦術航空士。しかし田中さんは「私、英語は苦手なんですよ」と屈託《くったく》なく笑う。

「英語が苦手なのは昔《むかし》からで、高校の成績は5段階評価で2でしたし、今もTOEICの点数は上がりません（笑）。こんな私でも機長が務まっていますから、英語が苦手な方でも戦術航空士になれますよ」

戦術航空士になるための教育では物理の教務もあるのだが、田中さんは物理が「苦手」どころか「高校までは生物と化学しかやった

ジェットエンジンをもつP-1哨戒機の横に立つ田中さん　編集部撮影

ことがなく物理は自衛隊ではじめて勉強した」のだそう。また同期には「高校時代、数学は0点だった」という人もいたという。

「でも、教官の教え方がとても上手で、できるように教えてくれるのでまったく問題ありませんでした。やる気があればぜんぜんついていけると思いますよ」

パイロット志望から、戦術航空士に

高校時代は、一般《いっぱん》大学への進学を考えていた田中さん。しかし高校3年のある日、大学説明会で防衛大学校の存在を知り、受験するも不合格。そして一般《いっぱん》大学の入試も不合格となった。

経済事情から浪人《ろうにん》はできず、進学は断念。防衛大学校は不合格だったものの、航空自衛隊の任期制自衛官に合格し、入隊した。

「当時は千歳《ちとせ》基地で戦闘機《せんとうき》の整備をしていたのですが、パイロットを間近に見て『かっこいいな』とあこがれをもつようになりました」

高校3年生の時の大学説明会で、「自衛隊の航空学生になれば、高卒でもパイロットになれる」と聞いていた田中さん。パイロットに転身するために、戦闘機《せんとうき》整備の仕事を続けながら夜は自習室で勉強し、海上自衛隊の航空学生に合格。航空自衛隊を退職し、海上自衛隊に入隊した。

海上自衛隊の航空学生として2年間学び、「飛行課程」に進むと、日夜練習機での飛行訓練が行われた。教官を務めるのは、海上自衛隊のパイロット。そして耳慣れない肩書《かたが》きの教官もいた。それが「戦術航空士」だった。

「航空学生になるまでは『戦術航空士』という存在すら知らず、自分はパイロットになる

警戒・監視、潜水艦の捜索を行う戦術航空士の田中さん

んだとしか思っていませんでした。でもその存在を知り、『パイロットは航空自衛隊にも航空会社にもいるけど、戦術航空士は海上自衛隊にしかいない。海上自衛隊でしかできない仕事がしたい』と思い、希望しました。パイロットをめざしていましたが、今は戦術航空士になれてよかったと思っています」

以前、田中さんは小笠原《おがさわら》諸島での急患《きゅうかん》輸送を行ったことがある。離島《りとう》から神奈川《かながわ》県の厚木《あつぎ》航空基地へP-1で搬送《はんそう》したのだが、後にこの患者《かんじゃ》から「無事に退院できました。ありがとうございました」と手紙が送られてきたそうだ。

「この仕事を選んで、ほんとうによかったです」

紆余曲折《うよきょくせつ》の末、戦術航空士になった田中さんは、今日も大空で戦術を組み立てている。

編集部撮影

集中力と信頼関係で無事故を更新中「ありがとう」を糧に不発弾を取り除く

陸上《りくじょう》自衛隊《じえいたい》 3等陸曹《とうりくそう》
渡邊《わたなべ》真也《しんや》さん

水害を経験し、自衛隊を志願

第二次世界大戦中に投下され、今なお国内に残る不発弾《ふはつだん》や魚雷《ぎょらい》、機雷《きらい》。これは陸上自衛隊の不発弾《ふはつだん》処理隊、海上自衛隊の掃海艇《そうかいてい》が処理を担当している。陸上自衛隊には、東京都の朝霞駐屯地《あさかちゅうとんち》、京都《きょうと》府の桂駐屯地《かつらちゅうとんち》、佐賀《さが》県の目達原駐屯地《めたばるちゅうとんち》、沖縄県の那覇駐屯地《ちゅうとんち》に不《ふ》発弾《はつだん》処理隊があり、民家や工事現場で発見された不発弾《ふはつだん》の除去、そして最終的な処分を行っている。

東京都・朝霞駐屯地《ちゅうとんち》の第102不発弾《ふはつだん》処理隊に勤務している渡邊真也さんは、1994年生まれ、京都府福知山《ふくちやま》市出身。中学生の時に地元で大きな水害が発生し、同級生の家が被災《ひさい》するなどの被害《ひがい》が出たが、災害派遣《はけん》活動に来た自衛官を見て「僕もこんな仕事をしたい」と、陸上自衛隊の「高等工科学校」を受験した。

厳しい学校生活も、一生の宝物に

高等工科学校は、高校の普通《ふつう》科、工業科、そして防衛基礎《きそ》を専門的に学ぶ学校。中学卒業後に入校した生徒を、陸曹《りくそう》として勤務する陸上自衛官へと育成する。

高等工科学校は人気があり、倍率が高い。「一学年に一クラスしかない小さな中学校で、成績は真ん中より少し上くらいでした」という渡邊さんだが、3年生の2学期から猛勉《もうべん》強《きょう》し、みごと合格を果たした。

高等工科学校は全寮制《ぜんりょうせい》で、食事から授業、入浴、就寝《しゅうしん》までを常に同級生といっしょに過ごす。休日は外出でき、同級生と映画やカラオケを楽しんだが、平日は外出ができず時間に追われた生活を送るため、自由に過ごしているまわりの高校生がとてもうらやましかったという。しかし今ふり返ると、同級生たちとほかでは味わえない貴重な時間を過ごし、当時の3年間は一生の宝物になっているそうだ。

卒業後に陸曹《りくそう》となり、不発弾《ふはつだん》処理隊へ

高等工科学校を卒業すると、「陸曹《りくそう》教育隊」で約3カ月の教育訓練を受ける。陸曹《りくそう》教育隊はその名の通り、階級が陸曹《りくそう》となる隊員を教育する部隊。高校卒業後に「自衛官候補生」や「一般曹《いっぱんそう》候補生」として入隊した隊員は入隊から2年以上経ってからしか陸曹《りくそう》教育隊には進めないが、高等工科学校では自衛官としての基礎的《きそてき》な訓練も行っているため、卒業後

すぐに陸曹《りくそう》教育隊へ進み、3等陸曹《りくそう》となる。3等陸曹《りくそう》になった渡邊さんは、その後部隊での研修、職種の専門教育を受け、不発弾《ふはつだん》処理隊に配属された。

「高等工科学校3年生の時にどの職種に行きたいか希望を出すのですが、職種の説明を受けたさいに不発弾《ふはつだん》処理隊のことを知って、純粋《じゅんすい》に『かっこいいな』とあこがれの気持ちをもちました。そこで、不発弾《ふはつだん》処理を担当している武器科職種を希望しました。当時は、不発弾処理がどのくらい危険な任務なのかはそこまで理解できていなかったと思いますが……」と、語る渡邊さん。部隊に配属されると、すぐに不発弾《ふはつだん》処理の現場に同行し、先輩《せんぱい》たちに指導されながら経験を積んでいった。

自信がつき、恐怖《きょうふ》が覚悟《かくご》に変わった

少しの気の緩《ゆる》みや「うっかり」で、重大な事故を起こしてしまう可能性があり、自分の命にもかかわる不発弾《ふはつだん》処理。渡邊さんに「怖《こわ》くないんですか」と正直なところを聞くと、「最初は怖《こわ》かったです」と返ってきた。

「でも、怖《こわ》いのは最初だけでした。今は恐怖《きょうふ》というよりも使命感のほうが強いです。不発《ふはつ》弾《だん》処理は特殊《とくしゅ》で、自衛隊にしかやれない仕事。『私たちがやらなければ』という思いがあります。かっこよく言えば、『恐怖《きょうふ》が覚悟《かくご》に変わった』という感じでしょうか。経験や知識、技術を積み重ねていけば、それが自信になります。そしてある程度自信がつくと、恐怖《きょうふ》が覚悟《かくご》に変わっていったような気がします」

不発弾《ふはつだん》処理で重要なのは集中力。そして絶

対に一人では行わず、2〜3名で行うこと。一人だけでは「うっかり」が起きてしまう可能性があるが、2〜3人いればたがいに作業をチェックしあえるからだ。たがいに「それは間違《まちが》っている」と指摘《してき》しあえるよう、不発《ふはつ》弾《だん》処理隊は上下関係なく何でも話し合える環《かん》境《きょう》だという。

「いくら階級が上でも先輩《せんぱい》でも、間違《まちが》いを指《し》摘《てき》できなければ命にかかわります。ですので、不発弾《ふはつだん》処理隊はとてもいい雰囲気《ふんいき》ですね。また、命にかかわる仕事をいっしょにするので、信頼《しんらい》関係も強いです。信用できない人とはいっしょにできない仕事ですね」

両親への連絡《れんらく》は、処理が終わってから

第二次世界大戦が終わったのは、1945年。終戦から75年が経過しているため、発見

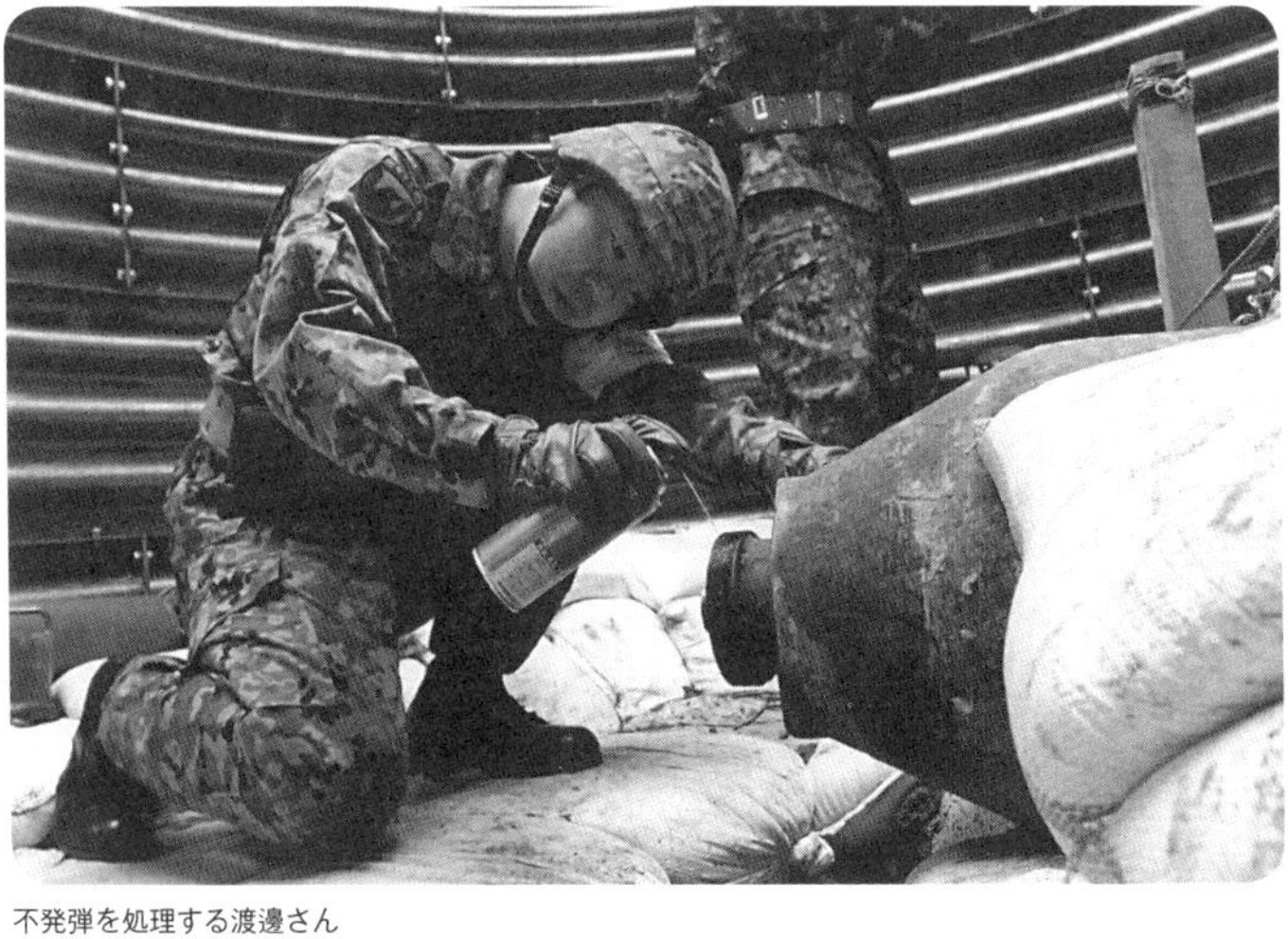

不発弾を処理する渡邊さん

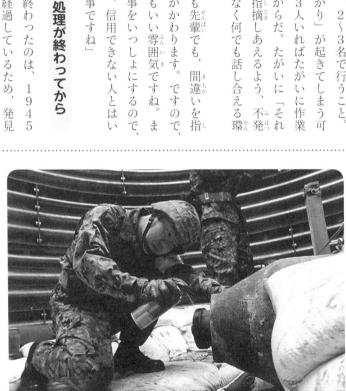

される不発弾《ふはつだん》は錆《さ》びが酷《ひど》く、爆弾《ばくだん》がどのような物かを識別するために錆《さ》びを落としたり、信管を取り除くさいにもねじに油をさすといった手順が必要だ。緊張《きんちょう》の処理が終わり、不《ふ》発弾《はつだん》を安全に運び出せるようになると、自衛隊施設《しせつ》内の専用の場所で爆破《ばくは》する。

不発弾《ふはつだん》は大きな物で約1トンにもなり、処理に失敗すると大変な事故につながるが、自衛隊の不発弾《ふはつだん》処理では過去に1度の事故もない。しかし渡邊さんは、両親には必ず「作業が終わってから」連絡《れんらく》しているそうだ。

「心配をかけてしまうので、現場に行く前には伝えないようにしています。両親は私の仕事に関して何も言いませんが、敢《あ》えて心配な気持ちを言わないようにしてくれているのかもしれません」

万が一に備えて、不発弾《ふはつだん》処理は付近の住民や企業《きぎょう》の従業員が避難《ひなん》し、場所によっては鉄道や高速道路を封鎖《ふうさ》して行われる。ある日突《とつ》然《ぜん》、住んでいる地域から不発弾《ふはつだん》が発見され、避難《ひなん》を強いられる住民の不安や負担は大きいものだが、渡邊さんは住民の方から「ありがとうございました」、「お疲《つか》れさまでした」と声をかけられることがたびたびあるという。

「危険をともなう仕事ではありますが、仕事を終えたときの達成感にはやりがいを感じますし、住民の方から感謝していただけたときはなんともいえないうれしさを感じます」

これからも不発弾《ふはつだん》処理隊の闘いは続く

休日は、バイクに乗ってツーリングに出かけるという渡邊さん。自衛官生活も9年目、時間的にも気持ち的にも余裕《よゆう》ができたため、自衛官以外の人とかかわる機会を増やしたい

不発弾処理隊の車の前で　　編集部撮影

と思い、ツーリングサークルに参加していろいろな土地の景色やグルメを楽しんでいるそうだ。

「なかでも好きなのは北関東です。地元、福知山市に景色《けしき》が似ていて気持ちが落ち着きますし、走っていてとても気持ちがいいです」

　渡邊さんは現在、第１０２不発弾《ふはつだん》処理隊で新潟《にいがた》県、栃木《とちぎ》県、茨城《いばらき》県以西から長野《ながの》県、静《しず》岡《おか》県以東の１都10県で発見された不発弾《ふはつだん》の処理を担当している。鉄道や首都高速道路などが通行止めとなる場合は大きなニュースとなるが、それ以外の不発弾《ふはつだん》処理は小さく報道されるのみ。しかし２０１９年も東京都23区内で不発弾《ふはつだん》が発見されるなど、不発弾《ふはつだん》処理隊の仕事はまだまだなくなりそうにない。２０１９年度は、陸上自衛隊だけで１４４１件、総重量33トンの不発弾《ふはつだん》が処理されている。

ミニドキュメント 5 任務や訓練を支える輸送ヘリコプターパイロット

編集部撮影

海外での共同訓練に参加し、抑止力による平和への貢献を実感

陸上自衛隊《りくじょうじえいたい》 1等陸尉《とうりくい》
新山英亮《にいやまえいすけ》さん

災害派遣《はけん》でも活躍《かつやく》する大型輸送ヘリ

自衛隊には飛行機、ヘリコプター、オスプレイの3種類の航空機がある。飛行機はスピードが速く航続距離《きょり》も長いが、滑走路《かっそうろ》がない場所では離着陸《りちゃくりく》できない。ヘリコプターはスピードは飛行機に劣《おと》るものの、滑走路《かっそうろ》のない場所でも離着陸《りちゃくりく》できる。そしてオスプレイは、ヘリコプターのような離着陸《りちゃくりく》ができ、より早いスピードで長距離《ちょうきょり》を飛行できる。

ドキュメント1では、飛行機の「輸送機」を紹介《しょうかい》したが、ヘリコプターにも「輸送ヘリ」がある。それが、陸上自衛隊と航空自衛隊に配備されている「CH-47」だ。CH-47は、車両を吊《つ》り下《さ》げたまま飛行できるほどの大型ヘリ。滑走路《かっそうろ》のない場所でも離着陸《りちゃくりく》が可能で、大きな物、重量のある物を運べるという利点を活かし、任務や訓練に必要な物資や人員を輸送する任務を行っている。

また災害派遣《はけん》でもCH-47は頻繁《ひんぱん》に活用されており、救難・救助、輸送、そして原子力災害では原発施設《しせつ》への放水任務を行った。離《り》島《とう》には滑走路《かっそうろ》のない小さな島も多く、飛行機は着陸できないため、急患《きゅうかん》輸送でもCH-47が活躍《かつやく》している。過去には、妊婦《にんぷ》の搬送中《はんそうちゅう》に機内で出産が始まり、医師が同乗できなかったため整備士が赤ちゃんを取り上げたこともあった。

パイロット志望のきっかけはキムタク

CH-47パイロットの陸上自衛官、新山英亮さんが「パイロットになりたい」と思ったのは中学校1年生の時。木村拓哉《きむらたくや》さん主演のテレビドラマ『GOOD LUCK!!』を見て、パイロットにあこがれたのがきっかけだった。しかし、具体的にどうすればよいのかはわからず過ごしていると、母親が「防衛大学校に行けば、自衛隊のパイロットになれる」と教えてくれた。息子の夢を叶《かな》えようと、近所の地方協力本部で話を聞いてくれたようだった。

サッカー部で熱心に部活を行っていた新山さんだが、部活に打《う》ち込《こ》みながらも地道に勉強を続けていた。その甲斐《かい》もあり、防衛大学校の推薦《すいせん》入試に合格。もちろん自分もうれしかったが、母親が「がんばったね」と、とても喜んでくれたそうだ。

先輩《せんぱい》との出会いで、陸自を希望

「防衛大学校は学費がなく、全寮制《ぜんりょうせい》なので生活費もかかりません。さらにお給料ももらえて、卒業後の就職まで決まっています。親孝行な選択《せんたく》でした」と、笑顔《えがお》で話す新山さん。防衛大学校に入校すると、これまでの生活や人間関係とはまったく異なる環境《かんきょう》にカルチャーショックを受け、ホームシックになってしまい、「辞めようかな」と悩《なや》んだ時期もあったが、「新しいことに挑戦《ちょうせん》するときは壁《かべ》があるもの。ここで辞めて地元に戻《もど》ってもまた同じような試練は必ず訪れる」と思い直し、学生生活を続けた。

1年もそろそろ終わりを迎《むか》え、卒業後に陸上自衛隊、海上自衛隊、航空自衛隊のどれに進むのか希望を出すことになった。最初は航空自衛隊の戦闘機《せんとうき》パイロットになりたいと考えていた新山さんだったが、第一希望には「陸上自衛隊」と記入した。それは、陸上自衛隊への入隊が決まっていた先輩《せんぱい》たちの影響《えいきょう》だった。

「生活する部屋《へや》には指導係のような4年の先輩《せんぱい》もいっしょに住んでいるのですが、この先輩《せんぱい》がすごく尊敬できるいい人でした。先輩《せんぱい》は陸上自衛官の要員で、ほかにも同様の先輩《せんぱい》がいて、先輩《せんぱい》たちと接するうちに私は陸上自衛隊の気質に合っていると思うようになりました。戦闘機《せんとうき》には乗れなくなりますが、陸上自衛隊にもパイロットの道はあります。でも、もしパイロットになれなくても陸上自衛隊に行きたいと……そう思わせてくれる先輩《せんぱい》たちでした」

厳しい指導が「理不尽《りふじん》」から「感謝」に

防衛大学校では、上級生が下級生に集団生活や規律などを指導する。この指導により自衛官としての基礎《きそ》がつくられていくのだが、

料金受取人払郵便

本郷局承認

4584

差出有効期間
2023年1月31日
まで

郵便はがき

113-8790

(受取人)
東京都文京区本郷1・28・36

株式会社 ぺりかん社

一般書編集部行

購入申込書	※当社刊行物のご注文にご利用ください。
書名	定価[円+税] 部数[部]
書名	定価[円+税] 部数[部]
書名	定価[円+税] 部数[部]

●購入方法をお選び下さい(□にチェック)	□直接購入(代金引き換えとなります。送料+代引手数料で900円+税が別途かかります) □書店経由(本状を書店にお渡し下さるか、下欄に書店ご指定の上、ご投函下さい)	番線印(書店使用欄)
書店名		
書 店 所在地		

書店様へ:本状でお申込みがございましたら、番線印を押印の上ご投函下さい。

※ご購読ありがとうございました。今後の企画・編集の参考にさせていただきますので、ご意見・ご感想をお聞かせください。

アンケートはwebページでも受け付けています。

URL http://www.perikansha.co.jp/qa.html

書名 No.

●この本を何でお知りになりましたか?

□書店で見て　□図書館で見て　□先生に勧められて
□DMで　□インターネットで
□その他 [　　　　]

●この本へのご感想をお聞かせください

・内容のわかりやすさは?　□難しい　□ちょうどよい　□やさしい
・文章・漢字の量は?　□多い　□普通　□少ない
・文字の大きさは?　□大きい　□ちょうどよい　□小さい
・カバーデザインやページレイアウトは?　□好き　□普通　□嫌い
・この本でよかった項目 [　　　　]
・この本で悪かった項目 [　　　　]

●興味のある分野を教えてください(あてはまる項目に○。複数回答可)。
また、シリーズに入れてほしい職業は?

医療　福祉　教育　子ども　動植物　機械・電気・化学　乗り物　宇宙　建築　環境
食　旅行　Web・ゲーム・アニメ　美容　スポーツ　ファッション・アート　マスコミ
音楽　ビジネス・経営　語学　公務員　政治・法律　その他
シリーズに入れてほしい職業 [　　　　]

●進路を考えるときに知りたいことはどんなことですか?

[　　　　]

●今後、どのようなテーマ・内容の本が読みたいですか?

[　　　　]

お名前	ふりがな [　歳] [男・女]	ご職業・学校名	
ご住所	〒[　－　]　TEL.[　－　－　]		
お買上書店名	市・区 町・村　書店		

ご協力ありがとうございました。詳しくお書きいただいた方には抽選で粗品を進呈いたします。

高校生までの生活とのギャップに加え、先輩《せんぱい》からの厳しい指導にショックを受ける新入生は少なくない。しかし新山さんは、「先輩《せんぱい》からの指導は厳しかったですが、厳しいなかにも優しさがありました」と語る。

「先輩《せんぱい》も1年を経験しているので、1年の学生がかかえる不安は当然わかっています。でも、私たちは防衛大学校を卒業すれば国を背負う自衛官となるので、正しい服装《ふくそう》、整理整《せい》頓《とん》、時間の厳守といった規律を守れるようにならなければなりません。そこで先輩《せんぱい》から指導を受けるのですが、最初は先輩《せんぱい》から『服装《ふくそう》が乱れている』と言われても自分ではどこが乱れているのかがわからず、『何がだめなのかがわからない』という状態でした。そして少しずつできるようになると、また少し上の要求をされ、それができるようになればまた

大型ヘリコプター CH-47の前に立つ新山さん　編集部撮影

少し上、と指導は終わりません。『なぜこんなことをやらなければならないのか』がわからないうちは、先輩《せんぱい》の指導を理不尽《りふじん》に感じることもあったのですが、先輩《せんぱい》がただ頭ごなしに言うのではなく理解できるように指導してくれたおかげで、厳しい指導をありがたく感じるようになりました」

指導する時は厳しい先輩《せんぱい》だったが、休日に食事に出かけた時はとても優しく、新山さんは「僕もこんな先輩《せんぱい》のような人になりたい」と思ったという。

パイロットになるために防衛大学校に入校した新山さん。しかし、尊敬する先輩《せんぱい》との出会いが、「パイロットになれなくても陸上自衛官になりたい」と将来を変えた。「この先《せん》輩《ぱい》がいなかったら、当時の私は航空自衛隊を希望していたと思います」。

防衛大学校を卒業し陸上自衛官となった新山さんは、幹部候補生学校に入校。パイロット適性試験に合格し、CH-47のパイロットになることが決まった。パイロット資格を取得するための訓練に臨み、教官が操縦するフライトではじめてコックピットから景色《けしき》を眺《なが》めると、「ずっとあこがれていたパイロットになるんだ」という実感が湧き上《あ》がってきた。

意義を見つけた海外での訓練

CH-47パイロットとして勤務を始めて6年目。新山さんはオーストラリアでの訓練に参加した。アメリカ軍、オーストラリア軍、自衛隊の共同訓練で、海上自衛隊の護衛艦《ごえいかん》にCH-47を載《の》せ、2週間の海路でオーストラリアに到着《とうちゃく》、1カ月間訓練を行い、また2週間かけて帰国というスケジュールだった。

コックピットに座る新山さん　編集部撮影

「ヘリコプターを操縦して海外の空を飛ぶのは、自衛官じゃないとなかなかできない経験だと思いました」と語るように、この訓練は新山さんにとって印象深いものとなった。

「自衛隊は日の当たらない仕事で、災害や有事など、日本にとってマイナスなことが起きている時にしか活躍《かつやく》できないものだと思っていました。しかし、このオーストラリアでの訓練では各国のマスコミから取材を受け、この訓練を行うことが日本を守るための抑止力《よくしりょく》に直結していると実感しました。それまでは、訓練をすることが抑止力《よくしりょく》になると頭ではわかっていてもなかなか実感できなかったのですが、報道を通じて自衛隊が世界に発信されることで、『訓練で日本を守っている』、『平和に貢献《こうけん》できている』と、自分がやっていることの意義を見つけられたように思います」

部隊それぞれの任務に合わせた訓練を重ね、職種や役職に必要な教育訓練をくり返す

日々の訓練が、防衛力・抑止力《よくしりょく》を高める

「自衛隊はいつも何をしているのか」でふれた、①実任務、②任務に備えた訓練、③任務や訓練をサポートする業務の三つのうち、これまで①「実任務」の内容を見てきました。続いては②の「任務に備えた訓練」です。

訓練は、スポーツでいう「練習」のようなもの。たとえば、あなたが野球部に所属しているとします。野球部のメーンイベントは試合ですが、何の準備もせずにぶっつけ本番で試合を迎《むか》えるようなことは、まずありません。放課後や休日に、試合に向けて毎日のように練習を積み重ねることでしょう。

その練習も、バッティングや走塁《そうるい》の練習、守備練習とがあり、どの日、どの時間にどの

救急搬送の訓練風景

練習を行うかスケジュールを組むと思います。守備練習も、ピッチャー、キャッチャー、内野手、外野手とポジションによって練習内容は違《ちが》いますし、またダブルプレーやバックホームなど、各ポジションの連携《れんけい》プレーの練習も必要です。さらに、個々人でランニングや筋トレにも取り組み、これらを積み重ねた練習の成果が試合で発揮されます。

自衛隊の訓練も、同じようなものです。野球の守備にいろいろなポジションがあるように、自衛隊にも、

○陸上自衛隊の戦車部隊
○陸上自衛隊の架橋《かきょう》（橋を架《か》ける）部隊
○海上自衛隊の潜水艦《せんすいかん》部隊
○海上自衛隊の哨戒機《しょうかいき》部隊

○航空自衛隊の高射部隊
○航空自衛隊の戦闘機《せんとうき》部隊
といったように、「どんな攻撃《こうげき》からどう守るか」を考えたポジション＝部隊があります。

各部隊は、綿密なスケジュールを組んで、それぞれの任務が確実に行えるよう訓練を行い、またいくつかの部隊が合同で連携《れんけい》プレーの訓練をすることもあります。

スポーツは練習の成果を発揮する試合があらかじめ決まっていますが、自衛隊の場合は訓練の成果を発揮する有事や災害がいつ起こるのかはわからず、できることなら絶対に起こってほしくないのですが、常に万が一に備え、訓練を重ねています。

このように、自衛隊では攻撃《こうげき》や侵略《しんりゃく》に備えた訓練、また①の実任務のための訓練が日頃《ひごろ》からくり返し行われています。そして、これらの訓練の積み重ねが日本の防衛力を高め、日本が攻撃《こうげき》や侵略《しんりゃく》を受けるのを防ぐ抑止力《よくしりょく》となっているのです。

職種に必要な教育、資格取得のための入校

「どんな攻撃《こうげき》からどう守るか」という任務に合わせてつくられている、それぞれの部隊。どの部隊の仕事も専門性が高いため、自衛隊には任務・職種に必要な知識と技能を身に着けるための学校がたくさんあります。

図表2 取得機会のある資格（一例）

車両関係
- 自動車整備士（1〜3級）
- 大型自動車運転免許（1種）（自衛隊以外の大型自動車運転には限定解除が必要）
- 大型特殊運転免許
- けん引免許

船舶関係
- 小型船舶操縦士
- 潜水士

航空関係
- 航空管制官
- 航空無線通信士
- 事業用操縦士

医療関係
- 救急救命士
- 准看護師
- 臨床検査技師
- 診療放射線技師

その他
- 危険物取扱者（乙種第4種）
- 公害防止管理者（第1〜4種）
- ガス溶接（アーク溶接）技術者
- 資格2級ボイラー技師
- 電気工事士
- パソコン検定（3・4級）
- 英語検定（2・3・4級）
- ワープロ検定（3・4級）
- 情報処理（1・2級）
- 調理師免許
- 栄養士

海上自衛隊、航空自衛隊には「術科学校」と呼ばれる学校があります。海上自衛隊には第1〜第4術科学校が、航空自衛隊には第1術科学校、第3〜第5術科学校（第2術科学校は第1術科学校に統合）が置かれ、職種や任務に合わせた教育が行われています。

陸上自衛隊の場合は、武器科職種の「武器学校」、通信科職種の「通信学校」といったように、職種の名前がついた学校や、戦闘《せんとう》職種の幹部を教育するための「富士《ふじ》学校」があります（陸・海・空の各職種の詳細は113ページ「自衛隊の職種」で解説）。一定期間、部隊での勤務から外れてこのような学校に入ることを、「入校」といいます。

任務を行うさいには、資格が必要な場合もあります。たとえば、陸上自衛隊にはさまざまな車両がありますが、運転するには運転免許《めんきょ》が必要です。そこで、駐屯地《ちゅうとんち》などの自衛隊施設《しせつ》のなかに隊員専用の自動車教習所が置かれ、任務に必要な車両の教習が行われています。戦車を操縦するには大型特殊《とくしゅ》自動車免許《めんきょ》が必要なのですが、戦車部隊に配属された隊員のなかには、「これまで自転車しか運転したことがないのに、免許《めんきょ》を取得してはじめて運転する車が戦車だった」という例もあるそうです。

役職、階級に合わせた入校も

職種や任務のための学校だけでなく、役職や階級に必要な知識と技能を身に着けるための学校・課程もあります。自衛隊には階級制度がありますが、これは指揮・命令系統や役割を明確にするため。自衛隊は国民の命にかかわる重要な任務を行っており、また行動の判断をすぐに行わなければならないこともあるので、「誰《だれ》がこの判断をするのか」、「この命令は誰《だれ》が下すのか」、「不測の事態には誰《だれ》が対応するのか」を明確にする必要があり、階級や役職をはっきりさせ、責任をもって任務を行えるようにしています（階級の詳細《しょうさい》は132ページ「自衛官の階級」で解説）。

階級が「士」の隊員が「曹《そう》」に昇任《しょうにん》する時は、陸上自衛隊は「陸曹《りくそう》候補生課程」、海上自衛隊は「海曹《かいそう》予定者課程」、航空自衛隊は「空曹《くうそう》予定者課程」に入校します。曹《そう》になれば、グループのリーダーとして部下を率いる役割ももつようになり、そのための教育が必要だからです。

階級が「尉《い》」以上の隊員は「幹部」と呼ばれ、全員が「幹部候補生学校」で教育を受けた後に幹部自衛官となります。

幹部自衛官は、部隊長として任務を行うことになるのですが、長となる部隊の規模が大きくなるにつれて必要な知識や技能も変わっていくため、「幹部学校」に数回の入校をします。

このように、自衛官は日々訓練を重ね、また入校をくり返し、任務に備えています。

自衛隊を根底から支えている、部隊の任務や訓練、隊員の生活をサポートする業務

ほかの部隊・隊員のサポートを任務とする部隊

野球部には、飲み物や用具を準備したり、ボールをみがいたり、白線を引くといった雑務をするマネジャーがいます。怪我をしてしまい、学校の保健室に行くこともあるでしょう。試合の日には、お弁当を作ってくれる家族の協力もあります。

同じように、①「実任務」、②「任務に備えた訓練」にも、③「任務や訓練をサポートする業務」が欠かせません。自衛隊には、ほかの部隊を支援《しえん》することを任務とした部隊、隊員の生活を支える部隊があり、さまざまなサポート業務を行っています。

自衛官には「指定場所に居住する義務」があります。これは、災害や有事など、いつ何があってもすぐに任務に就ける態勢を取る必要があるため。自衛隊法では「自衛官は、防

食事をつくる給養員

衛省令で定めるところに従い、防衛大臣が指定する場所に居住しなければならない」と定められています。

階級が曹《そう》・士の独身自衛官は、営内（駐《ちゅう》屯地《とんち》・基地内の寮《りょう》のような場所）で生活を送っています。結婚《けっこん》したり、階級が2曹《そう》以上かつ年齢《ねんれい》が30歳《さい》以上になれば、部隊長の許可を得て駐屯地《ちゅうとんち》・基地の外に住むこともできるのですが、学校や課程に入校しているあいだは、ふだん駐屯地《ちゅうとんち》・基地の外に住んでいても営内に居住することもあります。

営内で暮《く》らす隊員のために、駐屯地《ちゅうとんち》・基地内には食堂があり、食材を準備し、食事を作る部隊の隊員が勤務をしています。居住する部屋《へや》や仕事をする建物の維持《いじ》・管理、また空調、お風呂《ふろ》を担当する部隊、そして迷彩服《めいさいふく》や制服を提供したり補修する部隊もあります。野外の任務や訓練では、野外用の食事やお風呂《ふろ》、洗濯機《せんたくき》が必要ですが、これらも同様に担当する部隊があります。

隊員それぞれの仕事で平和が成り立っている

また、任務や訓練では隊員や物資の輸送を行わなければなりません。燃料や水、弾薬《だんやく》の補給、装備品《そうびひん》の整備も必要です。電話や無線、メールといった通信設備がなければ他部隊との連携《れんけい》はできませんし、怪我や病気をしたときの医療《いりょう》も欠かせません。

さらに、部隊に割り当てられた予算や隊員の給与《きゅうよ》を管理する部隊、自衛隊内の秩序《ちつじょ》を守る警務の部隊もあります。有事や災害時に自衛隊の活動がスムーズに行えるよう、自衛隊を国民に正しく理解してもらうための広報業務や、新しい人材を募集《ぼしゅう》する部隊も不可欠です。そして、それぞれの部隊が円滑《えんかつ》に運用できるよう、任務や訓練の計画を立てたり、人事や総務といった事務的な仕事をする部隊もあります。

自衛隊には、多種多様の部隊や仕事があり、任務や訓練、そして日々の隊員の生活をサポートしています。どの仕事が足りなくても、どの隊員が欠けても、自衛隊の任務や訓練は成り立ちません。任務、訓練、サポート、あらゆる部隊の隊員が責任をもって各々の仕事に取り組むことで、日本の平和が守られています。

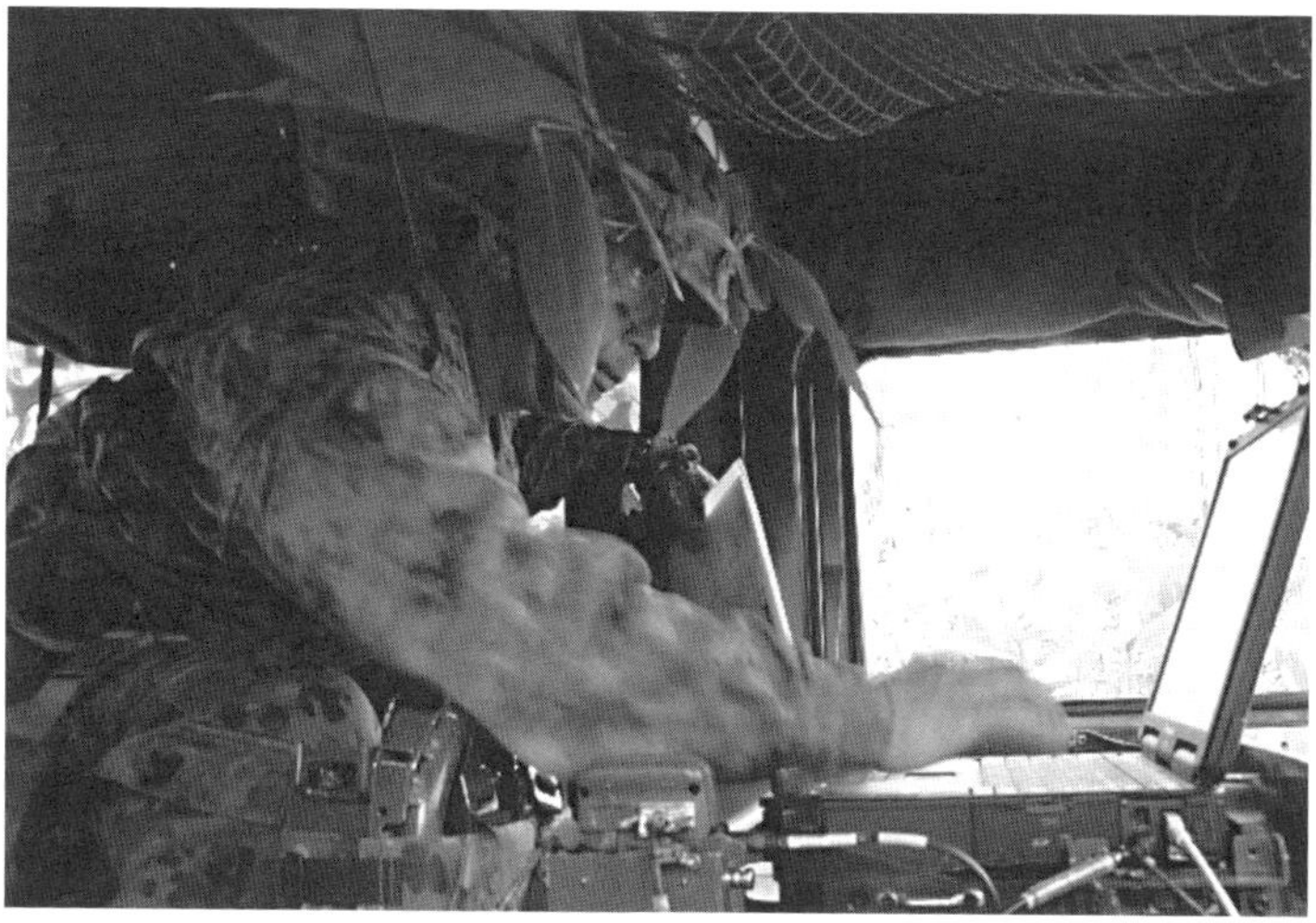

通信機器を整備する通信員

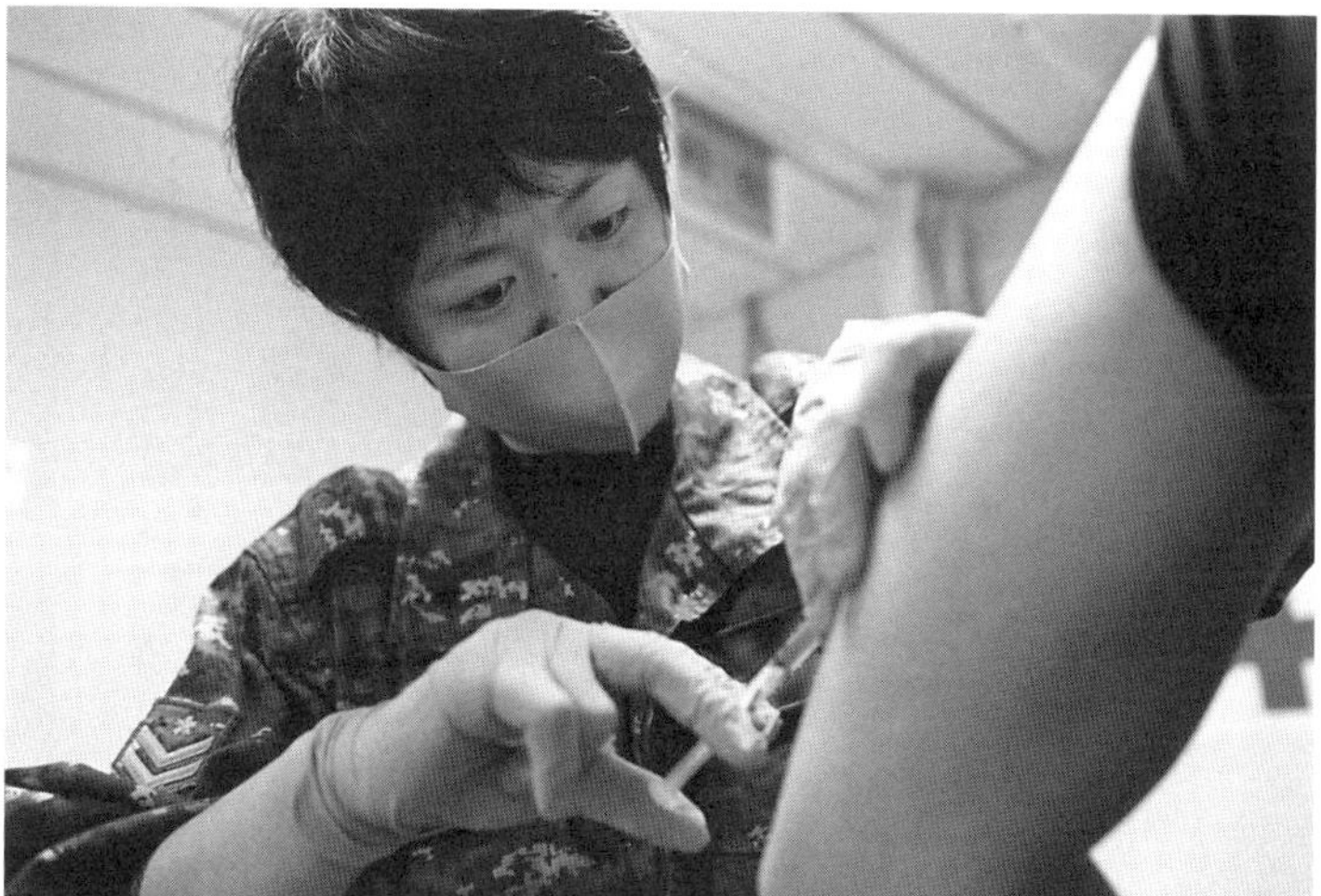

病気の治療や予防を担当する衛生員

編集部撮影

嫌いだった集団生活、希望していなかった給養員。それが今は天職に

海上《かいじょう》自《じ》衛《えい》隊《たい》 3等《とう》海《かい》曹《そう》
伊《い》澤《ざわ》直《なお》樹《き》さん

不安だらけで入隊を決意

海上自衛隊の艦艇《かんてい》には、航海、通信、整備、機関といったさまざまな仕事を担う隊員が乗り組んでいる。そのなかに「給養員」と呼ばれる重要な仕事を受けもつ人がいる。隊員の健康の基本である食事を一手に引き受ける、いわば「自衛官シェフ」だ。

護衛艦《ごえいかん》「はたかぜ」で給養員を務める伊澤直樹さんは、就職説明会で興味をもち、海上自衛隊を受験、合格した。しかし、「自分がやっていけるのだろうか」という不安があり、入隊を悩《なや》んでいた。いちばんのネックは、「団体行動が苦手」ということ。伊澤さんは、仲のよい友だち2~3人といることは楽しいのだが、10人以上となると「嫌《いや》だな」と感じてしまうタイプ。入隊すれば集団生活を送ることになるのに、生活どころか「集団でちょっと遊ぶだけ」でも苦痛に感じる。

そこで、伊澤さんは海上自衛隊で勤務している大学の先輩《せんぱい》に相談した。話を聞くと「伊澤ならやっていけるよ」と後押《あとお》しされ、不安は消えないながらも入隊を決めた。

料理ができないのに、給養員の配置へ

「一般海曹候補生《いっぱんかいそうこうほせい》」として入隊した伊澤さん。電気機器を扱《あつか》う仕事を希望したが、適性で判断されたのは給養員だった。大学時代はひとり暮らしをしていたものの、食事はアルバイト先のまかないで過ごしており、料理といえばご飯《ぐ》とみそ汁《しる》しか作ったことがない。「俺なんかが給養に行っていいのかな?」と、またも不安材料が増えた伊澤さんだった。

最初に乗った艦艇《かんてい》は「はるさめ」。はじめての調理業務は、ピーラーを使ってのにんじん、じゃがいもの皮むきだった。航行中の艦《かん》艇《てい》は揺れがはげしく、ベテランでも手元が狂《くる》い怪我をしてしまうことがある。艦体《かんたい》は25〜30度まで傾《かたむ》くことがあり、たまねぎやじゃがいものような丸い食材は転がっていく。

そして艦艇乗《かんていの》りの宿命が船酔《ふなよ》い。皮むきなどで手元に集中するとさらに船酔《ふなよ》いを起こしやすくなる。しかし新米乗員たちは徐々《じょじょ》に揺《ゆ》れに慣れていき、伊澤さんも3カ月ほどで船《ふな》酔《よ》いを起こさなくなった。

特異な艦艇《かんてい》の調理環境《かんきょう》

給養員になりたての隊員は、まず朝食のご飯を炊《た》き、みそ汁《しる》を作ることから覚える。約200人分のご飯、みそ汁《しる》を作る作業にはな

かなか慣れなかったが、これができるようにならなければ先に進めない。最初は調理を楽しいとは思えなかった伊澤さんだったが、昼食・夕食を担当するようになり、料理のレパートリーが増えると姿勢が前向きになってきた。作りたい料理のレシピを本やネットで調べ、ノートにまとめる日々。失敗することもあったが、先輩《せんぱい》にノートを見てもらい、アドバイスを聞きながら腕《うで》を上げていった。

艦艇《かんてい》では火災防止のため火を使えず、調理《ちょうり》釜《がま》は蒸気の熱を利用している。蒸気釜《じょうきかま》はお湯がすぐに沸《わ》き、煮物《にもの》は作りやすいが、温度が100度までしか上がらず、炒《いた》め物《もの》は火力には敵わない。また、沖《おき》に出れば使える水に限りがあるため、大事に使わなければならない。

そして、もっとも注意するのは衛生面。艦《かん》艇《てい》という閉鎖《へいさ》された空間で集団生活を行っているため、食中毒や感染症《かんせんしょう》が起きればたちまち広まり、任務ができなくなってしまう。港で積み込《こ》んだ野菜は長期間安全に保存できるように、また刺身《さしみ》は解凍《かいとう》してすぐに提供するなど、給養員たちは「おいしい食事」と「衛生面」を常に気づかっている。

3曹《そう》になり、給養員として南極へ

伊澤さんはその後、第4術科学校に入校。調理師免許《めんきょ》を取得した。そして三つの艦艇《かんてい》で勤務し、「海曹《かいそう》予定者課程」を修了《しゅうりょう》。階級は3等海曹《かいそう》になった。

なかでも、「しらせ」で勤務した1年間はとても印象深いものだった。「しらせ」は「砕氷艦《さいひょうかん》」という種類の艦艇《かんてい》で、氷を割りながら進むことができる。年に1回、南極観測隊の隊員や昭和《しょうわ》基地へ運ぶ物資を載《の》せ、オーストラリア経由で南極へ航海し、帰国する。

南極に近づくにつれて気温は低くなり、水は氷水へと変わる。氷水での調理で、手はあかぎれを起こした。また、水の温度が低いと米が水を吸わなくなってしまうため、炊飯《すいはん》は「蒸気で温度を上げた水を使い、米に吸水させてから炊く」という手間がかかる。

過酷《かこく》な調理環境《かんきょう》だったが、つらさを吹《ふ》き飛《と》ばしてくれたのは南極の圧倒的《あっとうてき》な景色だった。太陽が沈《しず》まない白夜の情景に、見飽《みあ》きるほど多くのペンギンやアザラシ。休日には、昭和基地周辺を散策し観光も味わった。

「しらせ」が南極まで運んだ物資は、搭載《とうさい》しているヘリコプターで昭和基地まで空輸するのだが、給養員の伊澤さんもこの輸送を支援《しえん》した。空から見下ろす夏の南極大陸は、雪が溶け岩肌《いわはだ》が顔を出しているところも多かった。

「おいしい食事」と「安全面」を常に気づかっていると伊澤さん　編集部撮影

南極での任務を終えると、「しらせ」は帰国の途《と》に。ある日の夜中、疲《つか》れきって寝《ね》ていると、艦内《かんない》放送で目が覚めた。それは、空にオーロラが浮《う》かんでいることを知らせる放送だった。眠《ねむ》い目をこすりながら甲板に上がると、夜空に幻想的《げんそうてき》な光が舞《ま》っていた。

苦手だった集団生活は「居心地《いごこち》がいい」

団体行動が苦手で自衛隊の集団生活に不安をもっていた伊澤さん。しかし、いざそのなかに身を置くと、「集団生活って意外と嫌《いや》じゃないな」と感じるようになったという。

「私は『学校や遊びで団体行動をする』というのが嫌《いや》なだけであって、『仕事の集団生活に向いていない』わけではないと気付きました。学校や遊びは生活のほんの一部分で、その時間だけ大勢の人とかかわると気疲《きづか》れしてしまいますが、仕事だけでなく生活もいっしょに過ごしていると、意思の疎通《そつう》が図れて仕事がしやすくなります。もちろん、いっしょに生活をしていればおたがいの嫌《いや》なところも見えてきますが、逆に嫌《いや》なことがわかっているからこそ仕事もしやすいんです。『ここが相手の逆鱗《げきりん》にふれるポイントだな』ということもわかるようになりますし（笑）、同時に人の痛みもわかるようになります。入隊したころは、仕事も食事も風呂《ふろ》も寝《ね》るのも全員いっしょの環境《かんきょう》に『なんでここまでしなきゃいけないんだ』と思いましたが、そのよさがわかるとすごくありがたいシステムだと気付きました。団体行動が大好きな人はそれほどいないと思いますが、『学校での団体行動』が苦手でも、実は『仕事での集団生活』には合っているという人は、結構たくさんいるんじ

栄養バランスがよく、おいしいと評判の艦艇の食事

やないでしょうか。今は、艦艇《かんてい》という狭《せま》い空間が意外と居心地《いごこち》いいなとも感じています」

適性検査が天職を見つけてくれた

艦艇《かんてい》の乗員にとって、航海中の食事は「唯《ゆい》一《いつ》の楽しみ」といっても過言ではない。

「生活環境《かんきょう》が過酷《かこく》な艦艇《かんてい》は、食事に割り当てられる予算が大きくほかでは使えないような食材も使えるので、研究の幅が広がり、腕も上がります。最近は気持ちに余裕《よゆう》ができ、献《こん》立《だて》の提案も積極的にするようになりました」

苦手意識から始まった自衛隊。伊澤さんは最後にこう語ってくれた。

「自衛隊では、適性検査で自分に合った仕事を見つけてくれます。私も、自分では想像もしていなかった給養というぴったりな仕事に就くことができました」

ミニドキュメント 7 陸・海・空一体で運用する統合幕僚監部

自衛隊全体をコントロールし、素早く効率的な災害派遣活動を行う

統合《とうごう》幕僚《ばくりょう》監部《かんぶ》　3等《とう》陸佐《りくさ》
間瀬田《ませだ》拓巳《たくみ》さん

陸海空自衛隊を一体的に運用

大災害時などに行われる自衛隊の災害派遣《はけん》活動。実際に災害現場で活動を行うのはこれまで紹介《しょうかい》したような陸・海・空の各部隊だが、自衛隊の災害派遣《はけん》全体をコントロールする組織がなければ、効率的でスピーディーな活動はできない。災害派遣《はけん》の開始前から終了《しゅうりょう》まで、自衛隊全体の計画・運用を行っているのが、「統合幕僚監部《ばくりょうかんぶ》」にある「災害派遣《はけん》班」だ。

統合幕僚監部《ばくりょうかんぶ》とは、陸・海・空自衛隊を一体的に運用するための防衛省の組織。陸上自衛隊、海上自衛隊、航空自衛隊という独立した組織が連携《れんけい》してスムーズに活動できるよう、任務や訓練、災害派遣《はけん》の全体的な活動プランを立てる。災害派遣《はけん》班では、そのうちの災害派遣《はけん》、不発弾《ふはつだん》処理を担当している。

たとえば、地震《じしん》のような大きな災害が起きた時、災害派遣《はけん》班はまず被害状況《ひがいじょうきょう》を把握《はあく》し、救難・救助、支援《しえん》にどのくらいの人数が必要なのかを見積もる。そして適切な活動体制を計画し、災害派遣《はけん》のための組織を編成する。

災害派遣《はけん》活動中は、活動現場の部隊状況《じょうきょう》を把握《はあく》し、実際にどんな活動が行われたのかを防衛大臣や首相、総理官邸《かんてい》に報告。そして被災地《ひさいち》のニーズに合わせ、撤収《てっしゅう》時期を検討する。

違《ちが》う立場で経験した二つの災害派遣《はけん》

統合幕僚監部《ばくりょうかんぶ》・災害派遣《はけん》班の間瀬田拓巳さんが現在の勤務に就いたのは、2020年の3月。勤務が開始して2週間後に新型コロナウイルス感染症《かんせんしょう》の災害派遣《はけん》が始まり、それから2カ月間、休む間もなく対応に追われた。

間瀬田さんはそれまで、秋田《あきた》県・秋田駐《ちゅう》屯地《とんち》にある「第21普通《ふつう》科連隊」で中隊長を務めていた。2019年10月には、台風19号による災害派遣《はけん》で中隊を率い、岩手《いわて》県、福島《ふくしま》県で瓦礫《がれき》や倒木《とうぼく》の除去活動を行ったという。

「このとき、中隊の隊員はきわめて淡々《たんたん》と任務をこなしてくれました。朝から夕方まで一日中、瓦礫《がれき》をトラックに積載《せきさい》したり、倒木《とうぼく》をチェーンソーで切ったりと、肉体的にも負担の大きな任務だったのですが、日頃《ひごろ》から厳しい訓練を積み重ねていたので任務をこなすことができました」

当時は現場の指揮官として、与《あた》えられた区域で「少しでも早く安全に」と任務を行っていた間瀬田さん。一方、新型コロナウイルスの災害派遣《はけん》では、統合幕僚監部《ばくりょうかんぶ》の災害派遣《はけん》班として「現場が困らないように」と活動計画を立てていった。

「新型コロナウイルスは、活動している隊員にも感染の危険性があります。そこで、マスクや感染防護服などの安全な服装《ふくそう》を調査し、すべての隊員が着用できるようにしました。また、各自治体からは『感染防護の教育をしてほしい』、『輸送の支援《しえん》をしてほしい』といった要請《ようせい》があったのですが、地域間で活動内容に差が出ないよう計画しました」

帰宅部から小銃《しょうじゅう》小隊長へ

高校時代は〝帰宅部〟で、放課後は友だちとコンビニでたむろするかゲームセンターに通う毎日だったという間瀬田さん。運動はまったくしておらず、体力もなく、「当時の自分を考えると、今の自分はよくやってるなと思います。その後、幹部自衛官となって小隊長や中隊長として指揮をとることなどまったく考えていませんでしたから」と話す。

「自衛官になりたい」という意思はまったくなかったが、大学入試の練習にと、秋に行われた防衛大学校の一般《いっぱん》入試を受験。合格したものの入校するつもりはなく、しかし一般《いっぱん》大学の受験に失敗し、結果的に防衛大学校に進むことになった。入校する時に不安はなかったのかを尋《たず》ねると、「能天気だったので不安はありませんでした（笑）。自分が自衛官になるということがイメージできていなかったんだろうと思います」とのこと。防衛大学校に入校してからは体力面で苦労したが、「同じように体力のない人はいたので、みんなでいっしょにきたえてもらった」そうで、苦労したのも最初の2〜3カ月だけだったという。

「人を運用する仕事がしたい」と陸上自衛官を希望し、卒業後は陸上自衛隊の幹部候補生学校へ。職種は、近接戦闘《せんとう》を担当し、陸上自衛隊のなかでももっとも体力が必要な部隊のひとつといわれている「普通科《ふつうか》」を選んだ。

「幹部候補生学校でお世話になった区隊長が普通科《ふつうか》職種だったのですが、40代なのに『ザ・自衛官』といった感じのかっこいい方で、その区隊長にあこがれて普通科《ふつうか》を希望しました。部隊に行ってから後悔《こうかい》しましたが（笑）」

その後、幹部学校の「幹部初級課程」で小隊長になるための教育を受け、沖縄県・那覇駐屯地《ちゅうとんち》の第51普通科《ふつうか》連隊へ。帰宅部だった高校生はさまざまな教育訓練できたえられ、小銃《しょうじゅう》小隊長となった。

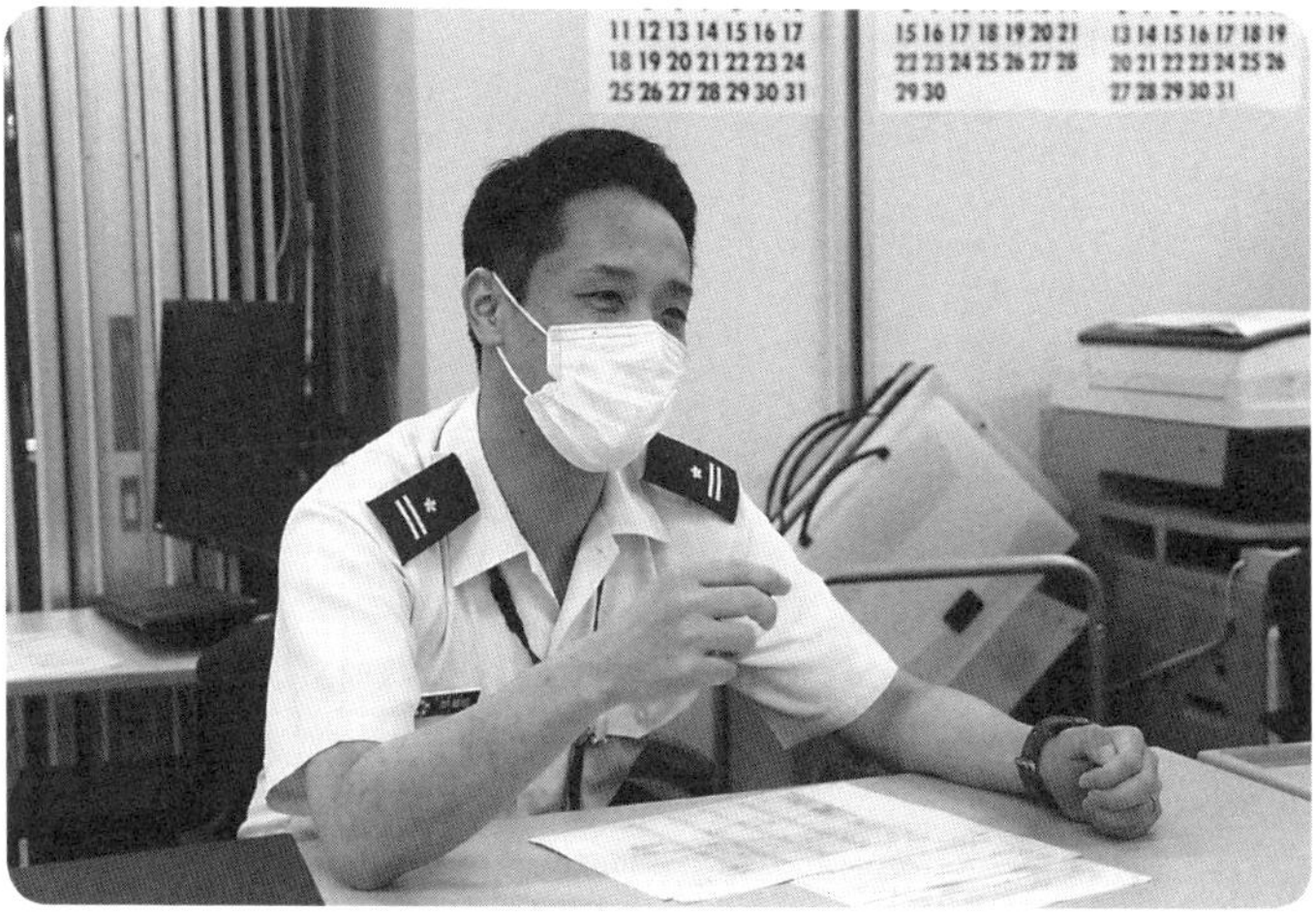

「人を運用する仕事がしたい」と陸上自衛官になった間瀬田さん

100人の隊員を率いる中隊長

小銃《しょうじゅう》小隊長の任を終えた後、間瀬田さんはいくつかの部隊で中隊長や師団長の幕僚《ばくりょう》（運用や訓練を計画するスタッフ）として勤務。そして、前述の第21普通《ふつう》科連隊の中隊長に着任した。

「中隊長としての約1年8カ月は、とてもやりがいのある勤務でした。小隊は約30名ですが中隊は約100名の規模です。人を率いたり物品を管理するのは大変でしたが、自分がやりたいこと、やるべきだと考えたことを即《そく》実行に移せる立場で、指揮官という仕事のおもしろさを感じました」

中隊長時代をこうふり返る間瀬田さんだが、現在の統合幕僚監部《ばくりょうかんぶ》の勤務ではまた違《ちが》ったやりがいがあるという。それは、「統合幕僚《ばくりょう》長《ちょう》の仕事にかかわっている」ということだ。

自分の仕事が陸・海・空自衛隊の支援《しえん》に

陸上自衛隊、海上自衛隊、航空自衛隊のトップである「陸上幕僚長《ばくりょうちょう》」、「海上幕僚長《ばくりょうちょう》」、「航空幕僚長《ばくりょうちょう》」。この各「幕僚長《ばくりょうちょう》」を支えるスタッフが勤務しているのが、それぞれ「陸上幕僚監部《ばくりょうかんぶ》」、「海上幕僚監部《ばくりょうかんぶ》」、「航空幕《ばく》僚監部《りょうかんぶ》」だ。そして同じように、統合幕僚《ばくりょう》監部《かんぶ》が支えているのが「統合幕僚長《ばくりょうちょう》」。統合幕僚長《ばくりょうちょう》は、防衛大臣を補佐《ほさ》する役割をもっており、陸上幕僚長《ばくりょうちょう》、海上幕僚長《ばくりょうちょう》、航空幕《ばく》僚長《りょうちょう》がその職を退いた後、3人のうちの1人が務める役職だ。統合幕僚長《ばくりょうちょう》は、陸・海・空自衛隊の最高位者となる。

統合幕僚長《ばくりょうちょう》のブレーンたちが勤務する統合幕僚監部《ばくりょうかんぶ》。その一人である間瀬田さんが

自衛官、事務官がいっしょに勤務をする災害派遣班

起案した命令や検討したことは、統合幕僚《ばくりょう》長《ちょう》を通じて陸・海・空自衛隊の活動を支えている。また災害派遣《はけん》活動が終われば、どのような活動を行ったかという実績結果を間瀬田さんら災害派遣班《はけんはん》で集計するのだが、この資料は広く国民に発信され、私たちの暮《く》らしに安心感を与えている。

「今の仕事は、部隊勤務ではなかなかできないことです。自分の仕事が陸・海・空自衛隊の役に立っている、自分がつくったものが国民の役に立っていると思うと、大きなやりがいを感じます」

陸海空それぞれの役割

陸・海・空自衛隊がそれぞれの区域を防衛。いざとなれば統合運用で連携する

領土、領海、領空を確実に守る体制

日本を効率的に、かつ確実に守るため、自衛隊は防衛する区域を陸・海・空に分け、それぞれに「陸上自衛隊」、「海上自衛隊」、「航空自衛隊」を置いています。ここで注意したいのは、「どこにいるのか」ではなく、「どこを守っているのか」ということ。たとえば、航空機は空を飛ぶ乗り物なので「自衛隊の航空機は航空自衛隊の所属」、「自衛官のパイロットは航空自衛官」と思われがちなのですが、陸を守るための航空機は陸上自衛隊の所属で、海を守る航空機は海上自衛隊です。もちろん、その航空機を操縦したり整備するのは、それぞれ陸上自衛官、海上自衛官です。ミニドキュメント1では洋上を警戒《けいかい》・監視《かんし》する海上自衛隊の哨戒機《しょうかいき》「P-1」とそのパイロットを、ミニドキュメント5では陸上自衛隊の

隊員や物資を輸送する輸送ヘリコプター「CH-47」とそのパイロットを紹介《しょうかい》しましたが、これらがその一例。ちなみに自衛隊では、飛行機とヘリコプターは「固定翼機《こていよくき》」、「回転翼機《かいてんよくき》」と呼ばれています。翼《つばさ》が固定されている飛行機が「固定翼機《こていよくき》」、回転しているヘリコプターが「回転翼機《かいてんよくき》」です。

陸・海・空の連携《れんけい》を円滑《えんかつ》にする統合運用

ミニドキュメント7では陸・海・空自衛隊を一体的に運用する「統合幕僚監部《ばくりょうかんぶ》」を紹介《しょうかい》しましたが、任務により陸・海・空自衛隊が共同で活動することもあります。これを「統合運用」と呼んでいます。たとえば、大規模災害が発生したときに、被災《ひさい》地から離《はな》れた地域の駐屯《ちゅうとん》地にいる陸上自衛隊の部隊や装備品を、遠距離《きょり》輸送が可能な航空自衛隊の輸送機や海上自衛隊の輸送艦《かん》が運ぶ、といったように陸・海・空自衛隊が連携《れんけい》することがあります。これが統合運用の一例です。

2011年の東日本大震災や2019年の台風19号などの災害派遣《はけん》では、「統合任務部隊」が編成されました。統合任務部隊は「JTF」(Joint Task Force)と呼ばれていて、ふだんは別々の部隊として活動している陸上自衛隊、海上自衛隊、航空自衛隊の部隊をひとつにまとめたもの。陸・海・空自衛隊のうち、災害派遣《はけん》活動に参加する部隊が一時的に

JTFの管轄《かんかつ》となり、統合運用されます。JTFは災害派遣《はけん》だけでなく、有事のさいにも編成されます。

方面、地方に分けた防衛体制

陸・海・空自衛隊は、日本全国をくまなく防衛するため、日本列島をいくつかの区域に分け、それぞれの地域を担当する部隊を置いています（110〜112ページ参照）。

陸上自衛隊は、国土の北から「北部方面隊」、「東北方面隊」、「東部方面隊」、「中部方面隊」、「西部方面隊」の五つの方面隊を置いています。海上自衛隊は、北から東回りに「大湊《おおみなと》地方隊」、「横須賀《よこすか》地方隊」、「呉《くれ》地方隊」、「佐世保《させぼ》地方隊」、「舞鶴《まいづる》地方隊」の五つの地方隊で日本列島を取り囲む海を、そして航空自衛隊は北から「北部航空方面隊」、「中部航空方面隊」、「西部航空方面隊」、「南西航空方面隊」の四つの航空方面隊で領空を守っています。

また陸上自衛隊には、それぞれの方面隊のなかにいくつかの「師団」、「旅団」という大きな部隊があります。師団・旅団とは、近接戦闘《せんとう》の部隊、戦車部隊、偵察《ていさつ》部隊、大砲《たいほう》の部隊、ミサイルの部隊、航空機の部隊、また通信や施設《しせつ》、衣食住を支援《しえん》する部隊などの、陸上自衛隊の作戦に必要な部隊を集めて1パックの団にしたもの。近接戦闘《せんとう》の部隊、戦車部隊などはそれぞれ「連隊」、「大隊」といった部隊を編成しており、連隊や大隊のなかに数個の中隊が、そして中隊のなかにも数個の小隊があります。

このように、陸・海・空自衛隊は領土、領海、領空の各区域を防衛し、またおたがいに連携《れんけい》し、スムーズかつ効率的に日本を守る体制がとられています。

図表3 陸上自衛隊の主要部隊などの所在地

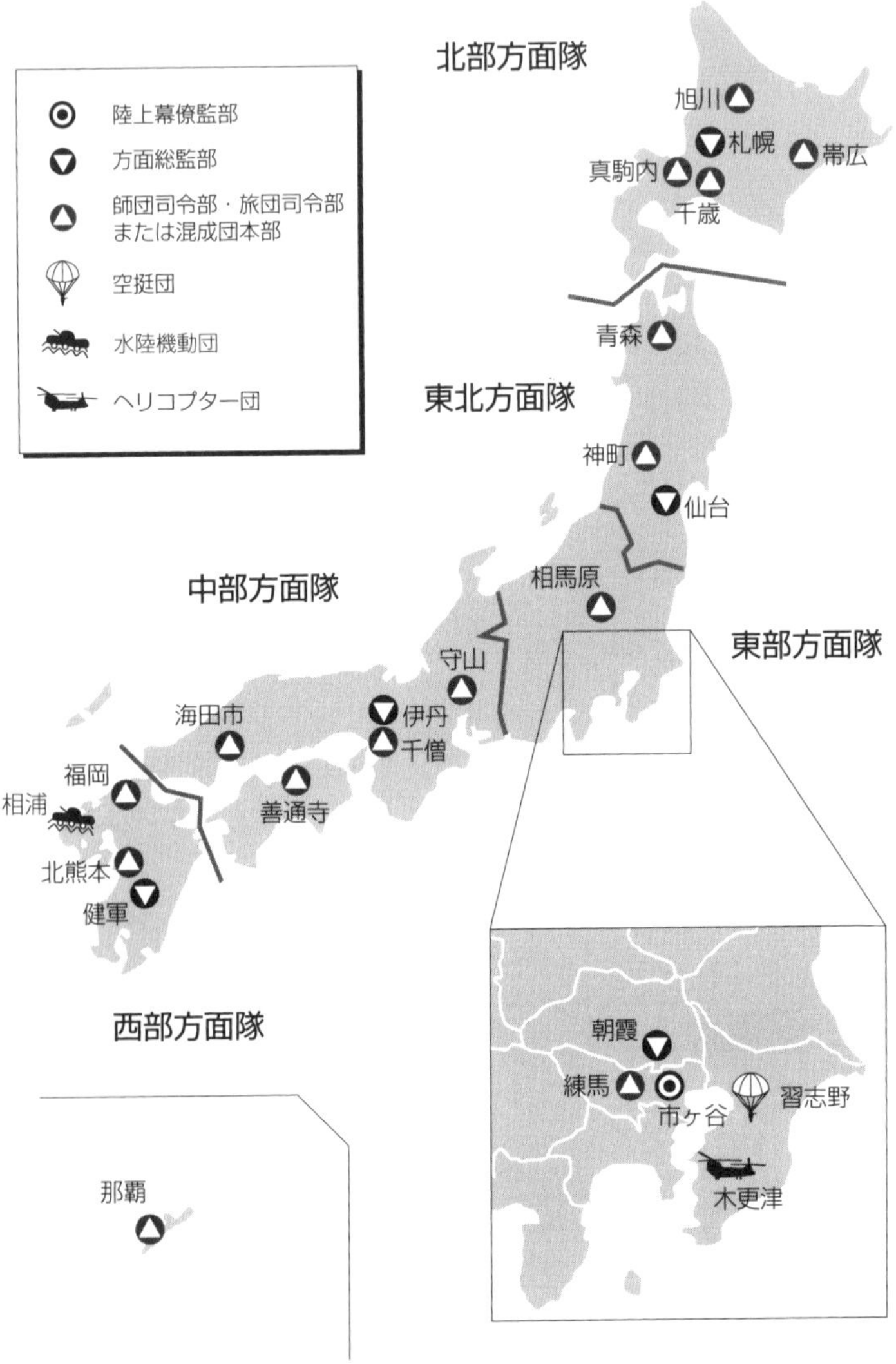

図表4 海上自衛隊の主要部隊などの所在地

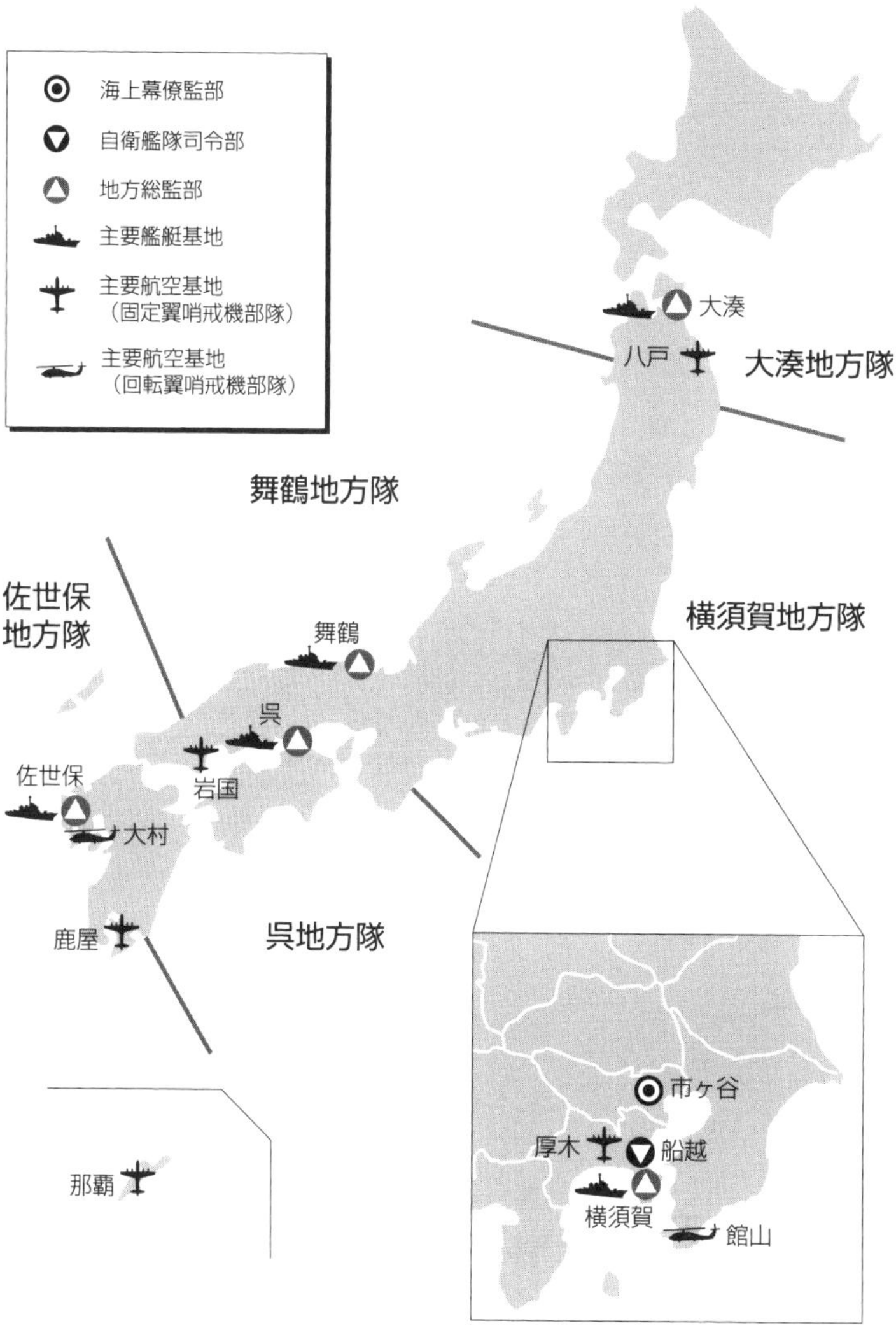

図表5 航空自衛隊の主要部隊などの所在地

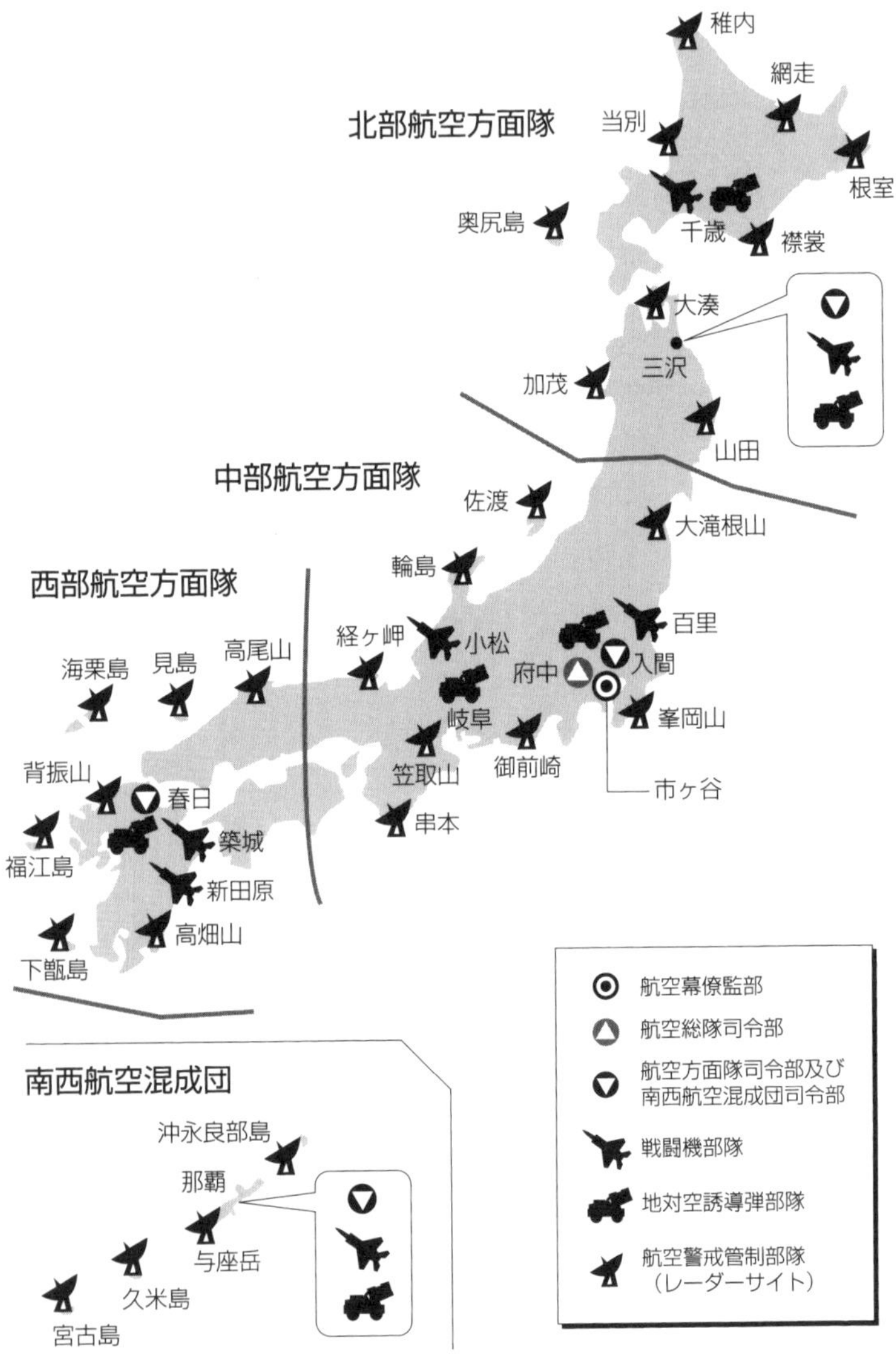
北部航空方面隊
稚内
網走
当別
根室
奥尻島
千歳
襟裳
大湊
三沢
加茂
山田
中部航空方面隊
佐渡
大滝根山
輪島
西部航空方面隊
百里
経ヶ岬
小松
入間
府中
海栗島
見島
高尾山
峯岡山
岐阜
御前崎
笠取山
市ヶ谷
背振山
春日
串本
築城
福江島
新田原
高畑山
下甑島
南西航空混成団
沖永良部島
那覇
与座岳
久米島
宮古島
航空幕僚監部
航空総隊司令部
航空方面隊司令部及び
南西航空混成団司令部
戦闘機部隊
地対空誘導弾部隊
航空警戒管制部隊
（レーダーサイト）

自衛隊の職種

細分化された陸・海・空の職種。個々人の適性に合った職種で任務を遂行する

自衛隊の任務は多岐《たき》にわたるため、隊員全員がそれぞれの専門職をもっています。自衛隊では専門業種のカテゴリーを「職種」と呼び、隊員は職種の知識・技能を身に着けて部隊に配属されます。

陸上自衛隊の職種

陸上自衛隊の職種は全部で16。国土が攻撃《こうげき》・侵略《しんりゃく》された時に直接排除《はいじょ》にあたる「戦闘《せんとう》職種」と、戦闘《せんとう》職種をサポートする「後方支援《しえん》職種」とがあります。

【戦闘《せんとう》職種】

機甲《きこう》科　戦車を中心とした職種。ほかにも、戦車の履帯《りたい》（キャタピラ）をタイヤに替えて機動力を高めた「機動戦闘車《せんとうしゃ》」、島への侵攻《しんこう》に備える「水陸両用車」を運用しています。

また、偵察《ていさつ》を行う隊員も機甲《きこう》科職種です。

野戦特科　大型の火砲《かほう》（大砲《たいほう》）を使って火力を大量に集中し、広い地域を制圧します。

高射特科　ミサイルなどを使い、上空から国土を侵攻《しんこう》する航空機を要撃《ようげき》します。

普通《ふつう》科　陸上自衛隊でもっとも人数が多い職種。ほかの戦闘《せんとう》職種は大型の武器を使う一方、普通《ふつう》科は小銃《しょうじゅう》や機《き》関銃《かんじゅう》、迫撃砲《はくげきほう》といった小型の武器を使って近接戦闘《せんとう》を行い、地上戦《せん》闘《とう》の中心的役割を果たします。

【後方支援《しえん》職種】

航空科　飛行機やヘリコプターの操縦・整備や、飛行に関する気象、管制などを担当。上空からの偵察《ていさつ》、隊員や物資の空輸といった後方支援《しえん》だけでなく、戦闘《せんとう》のためのヘリコプター、普通《ふつう》科隊員の空中機動を担うヘリコプターもあります。

施設《しせつ》科　大型の重機を使い、陣地《じんち》を構築したり河川を渡《わた》る橋を架《か》け、戦闘《せんとう》職種を支援《しえん》。また戦闘《せんとう》職種が進入する地域に置かれた地雷《じらい》の処理、侵攻《しんこう》を防ぐための対戦車地雷《じらい》の敷設《ふせつ》も行います。

通信科　無線・有線器材で、部隊間の通信手段を確保します。映像・写真の撮影《さつえい》・編集や、サイバー攻撃《こうげき》への対処も行います。

武器科　火器や武器、弾薬《だんやく》の整備・補給を担当。不発弾《ふはつだん》処理も武器科の隊員が行います。

需品科　食事や衣服、水、燃料などを整備・補給します。災害派遣《はけん》の被災者支援《ひさいしゃしえん》でも行われる野外での給食、給水、入浴には専用の特殊《とくしゅ》車両を使用しており、その整備も行います。

輸送科　大型車両で隊員や戦車、重火器、物品などを輸送。陸上自衛隊の物流システム業務、道路交通規制も行います。

化学科　放射性・生物・化学物質で汚染された隊員や装備品《そうびひん》、地域を除染します。

情報科　各部隊の作戦に必要な情報、地図、航空写真を収集し、資料の作成、配付を行います。

警務科　陸上自衛隊内の秩序《ちつじょ》を維持《いじ》します。いわば〝陸上自衛隊の警察官〟のような役割で、警護や道路交通規制も担当します。

会計科　各部隊で必要な物資の調達、隊員の給与《きゅうよ》支給といった会計業務を行います。

衛生科　自衛隊内の病院や医務室で隊員の治療《ちりょう》・健康管理を行い、また感染症《かんせんしょう》の防止に努めます。衛生科職種で勤務する医師、歯科医師、薬剤師《やくざいし》、看護師の自衛官をそれぞれ「医官」、「歯科医官」、「薬剤官《やくざいかん》」、「看護官」といいます。

音楽科　音楽演奏で隊員の士気高揚を図ります。国家行事や式典、自衛隊や地域のイベントでも音楽演奏を担当。有事のさいは警備任務に就きます。

海上自衛隊の職種

海上自衛隊の職種には、「艦艇《かんてい》の職種」、「航空の職種」、「地上勤務の職種」があります。

【艦艇《かんてい》の主な職種】

射撃《しゃげき》 砲・ミサイルを操作し、目標に対する射撃《しゃげき》をします。また適切に射撃《しゃげき》が行えるよう、整備を行います。

通信 無線通信や情報システムの運用・保守を行い、艦艇《かんてい》や基地などに情報を伝えます。

水雷《すいらい》 潜水艦《せんすいかん》に対抗《たいこう》するための魚雷《ぎょらい》、またその発射装置《そうち》、ミサイルランチャーの操作・整備を行います。基地の弾薬《だんやく》整備補給所で陸上勤務をする場合もあります。

航海・船務 艦艇《かんてい》の操舵装置《そうだそうち》、航法装置《そうち》の取《と》り扱《あつか》い、整備を担当。手旗信号や発光信号で、他の艦艇《かんてい》や商船とメッセージの交換《こうかん》も行います。

機関 ディーゼルエンジン、ガスタービンエンジンなどを運転・整備し、艦艇《かんてい》に推進力や電力を供給します。また、艦内《かんない》生活に必要な空調、蒸気を供給する機器も取《と》り扱《あつか》います。

給養 艦艇《かんてい》や基地の食堂に勤務し、適正な栄養管理に基づいた献立《こんだて》で調理、食事の提供を行います。

潜水《せんすい》 海に潜《もぐ》り、艦底《かんてい》の調査、遺失物の捜索《そうさく》、不発弾《ふはつだん》処理、潜水艦《せんすいかん》救助などを行います。

掃海機雷《そうかいきらい》 艦艇《かんてい》が安全に航行できるよう、掃海艦《そうかいかん》や掃海艇《そうかいてい》で、水路に敷設《ふせつ》された機雷《きらい》を除去する掃海《そうかい》作業をします。

【航空の主な職種】

飛行 哨戒機《しょうかいき》や救難飛行艇《ひこうてい》などに搭乗《とうじょう》するパイロットとして、また哨戒機《しょうかいき》の戦術航空士として飛行任務、警戒《けいかい》・監視《かんし》任務を行います。ヘリコプターは艦艇《かんてい》に搭載《とうさい》して航海することもあり、その場合はパイロットも艦艇《かんてい》で勤務をします。

航空管制 航空機を安全に運航するために、管制業務を行います。航空機に搭乗《とうじょう》するパイロットと無線交信し、離陸《りりく》から着陸までを誘導《ゆうどう》。航空基地のほか、ヘリコプターを搭載《とうさい》する艦艇《かんてい》で勤務をします。

整備 エンジンや電気計器、機体、また無線やレーダーなどの電子機器を操作・整備します。航空機にクルーとして搭乗《とうじょう》する整備員、基地の整備場に勤務する整備員、また艦艇《かんてい》に搭乗《とうじょう》し、搭載《とうさい》したヘリコプターを扱《あつか》う整備員がいます。

【地上勤務の主な職種】

地上救難 航空基地に勤務し、航空機事故が起きた時に人命救助、消火活動を行います。

気象・海洋 艦艇《かんてい》や航空機が安全に、効率的に運航できるよう、気象・海洋に関する観測をしたり、観測データの通信、観測資料の整理を行います。

施設《しせつ》　基地内の道路や建物の補修、整備を担当します。

電計処理　基地の補給部隊などに勤務し、コンピュータでデータ処理を行ったり、プログラムを作成します。

経理　物品の購入《こうにゅう》や工事の契約《けいやく》、また隊員の給与《きゅうよ》を支給する業務を行います。

＊警務、会計、衛生、音楽の職種は陸上自衛隊と同様です。

航空自衛隊の職種

航空自衛隊は、航空機にかかわる職種が中心です。そのほかに高射、宇宙、基地を管理する職種があります。

【航空機にかかわる主な職種】

操縦　航空機パイロット。飛行機やヘリコプターに搭乗《とうじょう》し、防空、偵察《ていさつ》、輸送、救難などを行います。

航空機整備　機体やエンジン、レーダーなどの整備、補修を担当します。

航空管制　基地内の飛行場で、離着陸《りちゃくりく》する航空機を誘導《ゆうどう》します。また、管制業務のシステム・器材の整備も行います。

兵器管制　領空を常に監視《かんし》し、不法に接近・侵入《しんにゅう》してくる航空機を早期に発見、識別し、必要に応じて戦闘機《せんとうき》を誘導《ゆうどう》します。

気象 飛行の安全を確保するため、航空気象に関するデータの収集、予報などを行い、その情報を全国の部隊に提供します。

武器弾薬《だんやく》 戦闘機《せんとうき》に搭載《とうさい》する武器弾薬《だんやく》の保守、管理、整備を行います。

輸送 国賓《こくひん》などを輸送する政府専用機の客室業務、航空機へ貨物を搭載《とうさい》する業務、車両を使用した物資・人員の輸送業務を担当します。

通信 有線・無線通信機材を使用し、航空通信業務や電報などの送受信を行います。

電算機処理 電子計算機や関連機材の操作、プログラムの作成、システムの管理を担当します。

【高射の職種】

高射 侵攻《しんこう》してくる航空機や弾道《だんどう》ミサイルを撃破《げきは》するため、ペトリオットミサイルシステムなどの操作、整備を行います。

【宇宙の職種】

宇宙 観測や通信、測位に利用している衛星の機能が、スペースデブリ（宇宙ゴミ）やキラー衛星に妨害《ぼうがい》されないよう、宇宙状況《じょうきょう》の監視《かんし》などを行います。

【基地を管理する主な職種】

施設《しせつ》 基地内の滑走路《かっそうろ》や建物の維持《いじ》・補修、また電気やボイラーを管理します。

補給 航空自衛隊で使用する物品を調達、整備、保管し、在庫管理や出納《すいとう》を行います。

警備 基地の警備や、基地内の施設《しせつ》・物品の管理を担当します。また基地警備に同行する警備犬の訓練、管理も行っています。

＊警務、会計、衛生、音楽の職種は陸上自衛隊と同様です。

各隊員の総合力が日本の防衛力に

このように、自衛隊には多種多様な職種があります。体力がある人に向いている職種、コンピュータが得意な人に向いている職種、まわりの人を気づかえる人に向いている職種、地道にコツコツ作業することが好きな人に向いている職種など、職種によって求められる人材もさまざま。自衛隊には、どんな人にも適性のある職種が必ずあります。個人個人の能力をそれぞれの職種で発揮し、その総合力が日本を守る防衛力となっているのです。

自衛官の生活と収入

特殊な勤務態勢に合わせた生活環境。各種手当やサポートも充実

基本は定時勤務も、災害派遣《はけん》は別

自衛官の勤務時間は、基本的に8時15分から17時まで。12時から1時間の昼休憩《ひるきゅうけい》をはさんだ7時間45分勤務で、土日・祝日が休日です。ただし、警戒《けいかい》・監視《かんし》などで24時間36５日体制を取っている部隊では、シフト制で勤務する場合もあります。以前は、部隊によっては連日遅《おそ》くまで残業をすることもありましたが、近年はワークライフバランスを重視し、勤務後の趣味《しゅみ》を楽しんだり、家族との時間を過ごせる環境《かんきょう》がつくられるようになりました。

とはいえ、災害派遣《はけん》などの緊急《きんきゅう》事態には勤務時間は不規則になり、休日も予定通りとはいかなくなります。しかし、心身に負担がかからないように適宜《てきぎ》休憩《きゅうけい》を取り、また休

日が取れなかった場合は代休を取得します。通常の勤務時間外に訓練などが行われた時や、当直勤務に就いた時も同様です。

自衛隊では、定められた勤務のことを「課業」、勤務時間は「課業時間」と呼びます。課業に対し、それ以外の時間を「課業外」といいます。

衣食住無料の営内、公務員宿舎の貸与

階級が「曹《そう》」、「士」の自衛官や教育中の隊員は、基本的に駐屯地《ちゅうとんち》・基地のなかにある寮《りょう》のような場所で生活をします。この、隊員が生活をする場所を「営内」、営内がある建物を「営内隊舎」、営内に居住している隊員を「営内者」といいます。営内者の食費、光熱費、家賃は無料です。

隊舎や部屋《へや》のつくりにより一部屋《ひとへや》の人数は変わりますが、1～10人前後がほとんど。教育中は大人数の部屋《へや》が多く、部隊勤務中は少人数の部屋《へや》が多い傾向《けいこう》にあります。

営内に住んでいる隊員が駐屯地《ちゅうとんち》・基地から外出する時は、事前に申請《しんせい》をします。翌日に勤務がある場合は夜までに戻《もど》らなければなりませんが、翌日が休日の場合は外泊《がいはく》が可能です。

結婚《けっこん》などで扶養《ふよう》する家族ができた場合は、部隊長の許可を得て駐屯地《ちゅうとんち》・基地の外にある

家に住むことができます。営内に対し、駐屯地《ちゅうとんち》・基地の外にある家のことを「営外」といいます。独身でも、階級が2曹《そう》以上かつ30歳《さい》以上になれば営外生活の申請《しんせい》ができます。

自衛官が営外に住む場合には、二つの選択肢《せんたくし》があります。ひとつは、賃貸・購入《こうにゅう》した一般的《いっぱんてき》な家での生活。そしてもうひとつは「公務員宿舎」に入ることです。公務員宿舎とは、万が一の時にはすぐに勤務する部隊に駆《か》けつけなければならない自衛官が住むことができる、社宅のようなもの。部屋《へや》のつくりや間取り、また配偶者《はいぐうしゃ》の勤務地などを考慮《こうりょ》して、公務員宿舎ではなく一般的《いっぱんてき》な家を選ぶ自衛官もいます。

営外者は食費、光熱費、家賃などは各々で支払《しはら》いますが、自衛官は全員、駐屯地《ちゅうとんち》・基地内の医務室や自衛隊病院での医療《いりょう》、また健康診断《しんだん》やガン検診《けんしん》などが無料で受けられます。また、迷彩服《めいさいふく》や制服も無料で貸与《たいよ》されます。

手当、一時金が充実《じゅうじつ》した給与《きゅうよ》体系

自衛官の給与《きゅうよ》は月給制で、その額は階級や勤務年数などに応じて変わります。自衛官候補生の場合は、最初の給与《きゅうよ》は月額14万2１００円です。3カ月後に2士に任官すると、学歴や経歴で異なりますが一例をあげると高卒で17万９２００円、大卒で19万８１００円。またこの月給とは別に、2士への任官時に22万１０００円の「自衛官任用一時金」が支給

図表6 自衛官候補生の特例退職手当

区　分	任期満了ごとの支給			2任期まで通算した場合の支給額
	1任期	2任期	累計	
陸上自衛官（1任期目が1年9カ月任用）	579,130円	1,453,334円	2,032,464円	2,085,534円
海上・航空自衛官（1任期目が2年9カ月任用）	951,236円	1,508,666円	2,459,902円	2,542,102円

されます。

自衛官候補生は「任期制」という制度を取っており、2年ないし3年ごとにつぎの任期を継続《けいぞく》して自衛官を続けるか、自衛官を辞めて別の道に進むかを選びます。また任期を終えるごとに、自衛官を続ける・辞めるにかかわらず、図表6の金額の「特例退職手当」が支給されます。

「防衛省職員」である防衛大学校の学生にも給与《きゅうよ》が支払《しはら》われます。その月額は11万7000円で、また賞与《しょうよ》として年2回、計39万7800円が支給され、入学金や授業料はありません。

幹部候補生は、大卒の場合、月額22万6500円で、幹部候補生学校を卒業し3尉《い》へ任官時に25万1600円となります。大学院卒の場合は月額24万7500円で、卒業し2尉《い》へ任官時に27万5600円となります。

どの種目で自衛官になっても、年1回の昇給《しょうきゅう》があります。階級が上がって勤務年数を重ねると給与《きゅうよ》も増えていきますが、一例をあげると3曹《そう》で月額約26万円、曹長《そうちょう》で約40万円。ちな

図表7 各種手当の一例

航空手当：約20万/月（戦闘機操縦士、２尉）
乗組手当：約11万円/月（護衛艦乗組員、２曹平均）
落下傘隊員手当：約７万円/月（空挺隊員、２曹）

みに、いちばん高い階級の「将」の最高月額は117万5000円です。また、月給の４・５カ月分の賞与《しょうよ》（ボーナス）が年に２回に分けて支給され、さらに、給与《きゅうよ》や賞与とは別に、「扶養《ふよう》手当」、「住居手当」、「通勤手当」や、勤務内容に応じた図表７のような手当ても支給されます。

若い退職者へのサポートも

自衛官は定年が早く、ほとんどの隊員が50代で定年を迎《むか》えるため、自衛隊には退職後の生活を支える制度があります。

定年退職時には、退職手当に加え「若年定年退職者給付金」が支払《しはら》われます。曹長《そうちょう》の階級で定年退職した人の一例をあげると、退職手当と若年定年退職者給付金で合計約３０００万円が支給されます。

50代は、自衛隊以外ではまだまだ働ける年齢《ねんれい》です。そこで、退職した自衛官が順調な〝第２のステージ〟をスタートできるよう、インターンシップや技能訓練、相談員による進路相談や就職支援《しえん》が行われています。

図表8 自衛官の階級と定年年齢

階級		定年年齢
幹部	将	60歳
	将補	
	1佐	56歳
	2佐	55歳
	3佐	
	1尉	
	2尉	
	3尉	
准尉		
曹	曹長	
	1曹	
	2曹	53歳
	3曹	

また階級が「士」の隊員が、任期を終えて自衛官を辞める時も同様です。合同企《き》業《ぎょう》説明会や公務員試験対策を行ったり、退職後に大学へ進学する隊員への進学支援《しえん》も実施《じっし》されています。

一般《いっぱん》企《き》業《ぎょう》勤務でも非常勤の自衛隊員に

そして自衛官を退職した後も、「予備自衛官」として国防にかかわり続けることができます。予備自衛官とは、ふだんはサラリーマンや主婦、学生として生活を送りながら、有事や災害派遣《はけん》のさいに自衛官として勤務に就く制度。企業《きぎょう》での勤務、学生としての学業を続けながら、年に5日間の訓練に出頭し、いざという時に備えます。

予備自衛官等制度には「即応《そくおう》予備自衛

官」という制度もあります。これは、予備自衛官よりも即応性《そくおうせい》が高く、自衛官により近い任務を行う隊員。即応《そくおう》予備自衛官の場合は、年に30日間の訓練に出頭します。

自衛官を退職した人だけでなく、自衛官経験のない人も予備自衛官や即応《そくおう》予備自衛官になることができます。「自衛隊の仕事に興味はあるけど、一般企業《いっぱんきぎょう》などで別の仕事がしたい」という会社員や大学生が「予備自衛官補」という制度を活用し、3年以内に50日間の教育訓練を修了《しゅうりょう》した後に、予備自衛官に任官します（国家資格などをもっている人の教育訓練期間は2年以内に10日間）。また、予備自衛官になった後に約40日間の教育訓練を受け、即応予備自衛官に任官できる制度もあります。このように、ほかの職業に就いていながらも、非常勤の自衛隊員として日本の安全に貢献《こうけん》する道もあります。

これからの自衛隊

国防のための新しい領域、「宇宙」「サイバー」「電磁波」

スペースデブリとキラー衛星への対処

日本が攻撃《こうげき》や侵略《しんりゃく》を受けると、自衛隊はそれらを排除《はいじょ》するために戦闘《せんとう》行動を取る場合があります。

古来、世界中で戦闘《せんとう》の場となるのは陸と海だけでした。時代が進むと、航空機の発達によってその場は空にも広がり、各国の「陸軍」、「海軍」に航空部隊が置かれるようになりました。航空部隊の一部は「空軍」として独立し、自衛隊にも「航空自衛隊」があります。そして今、その領域は「宇宙」にも広がりを見せており、2020年5月、航空自衛隊に「宇宙作戦隊」が新編されました。

みなさんが持っているスマートフォンには、位置情報を取得するためのGPSが付いていますが、ＧＰＳは宇宙にある人工衛星を利用してその機能を果たしています。天気を予測するためには気象衛星を利用しますし、また通信や放送にも衛星を使っています。

衛星は、現代を生きる私たちの生活に深く浸透《しんとう》しています。自衛隊も同じくこれらの機能を活用し、日本の安全を守っていますが、宇宙空間には「スペースデブリ」と呼ばれる宇宙ゴミが急増しており、もしスペースデブリと人工衛星が衝突《しょうとつ》してしまうと、衛星の機能が著しく損なわれる危険性があります。また日本の周辺国では、人工衛星に接近して妨害や攻撃《こうげき》、捕獲《ほかく》をする「キラー衛星」の開発・実証試験が進められているといわれていま す。そこで、スペースデブリやキラー衛星への対処を行うため、航空自衛隊に宇宙作戦隊が置かれました。

サイバー攻撃《こうげき》対処のための人材登用

戦闘《せんとう》における新しい領域には、「サイバー空間」もあります。私たちは、インターネットなどの情報通信ネットワークを日常的に利用していますが、現在、世界では政府機関や軍隊、また一般《いっぱん》企業《きぎょう》や学術機関の情報通信ネットワークがサイバー攻撃《こうげき》を受ける事例が多発しており、重要技術、機密情報、個人情報などが標的となることもあります。

自衛隊でも、サイバー空間の脅威《きょうい》に対応するため、陸・海・空自衛隊の共同部隊である

「サイバー防衛隊」がつくられました。サイバー空間の防衛を担当する隊員を育成するため、専門の教育課程に加え、高等工科学校にも新たな教育課程を設けるなど、その教育体制の強化が行われています。また同時に、ＩＴスキルをもった人材の採用も進められています。

電磁波の攻撃《こうげき》に対処し、国防任務を遂行《すいこう》

もうひとつ、戦闘《せんとう》における新しい領域としてあげられるのが「電磁波」です。電磁波、とりわけ電波は、私たちの生活でもテレビ、通信、ＧＰＳなどさまざまな用途《ようと》で利用されていますが、自衛隊をはじめ各国の軍隊でも無線機やレーダーなどで使用されています。

こうした無線機やレーダーを電波などで妨害《ぼうがい》することにより、通信・警戒・監視の機能を低減・無力化する「電子攻撃《こうげき》」も脅威《きょうい》となっています。もし電子攻撃《こうげき》を受けると、通信がうまくつながらない、敵の接近に気付かない、といった事態に陥る可能性があり、任務に大きな影響《えいきょう》を及《およ》ぼすことになります。自衛隊では、こうした電子攻撃《こうげき》への対処のため新たな電子戦装備の取得や開発を進めています。

Column

女性自衛官の活躍《かつやく》

「男社会」というイメージが強い自衛隊。もちろん人数では圧倒的《あっとうてき》に男性が多く、男社会な一面もあるのですが、だからといって女性が冷遇《れいぐう》されたり、性別を理由に就けない職種や役職はありません。職種や役職への配置で考慮《こうりょ》されるのは、性別にとらわれない個人の能力や適性、これまでの実績。実際に、陸上自衛隊の連隊長、海上自衛隊の護衛艦長《ごえいかんちょう》といった役職にも女性自衛官が就任しています。

ただし、一部では男女を区別する体制も取られています。そのひとつが居住環境《かんきょう》。寝《ね》る場所、着替《きが》え、またトイレやお風呂《ふろ》は男女を分ける必要があるため、営内隊舎は男女別です。また、生活環境《かんきょう》を含《ふく》めた教育・訓練が行われる課程では、男女別部隊で行われる場合があります。

そして「母性の保護」の観点から、女性の配置が認められていない部隊が二つだけあります。それは、陸上自衛隊の「特殊《とくしゅ》武器防護隊」「化学防護隊」の一部と、同じく陸上自衛隊の「坑道《こうどう》中隊」。特殊《とくしゅ》武器防護隊・化学防護隊には放射性物質を扱《あつか》う部隊があり、また坑道《こうどう》中隊の活動ではトンネル掘削《くっさく》で粉じんが発生する可能性があります。女性の母性機能を保護するため、この二つの部隊に女性は配属されませんが、それ以外の陸・海・空すべての部隊では性別に関係なく勤務することができます。

自衛隊には、女性自衛官が妊娠《にんしん》・出産後も問題なく勤務できる制度が整えられています。「産前産後の特別休暇」「育児休業」で取得できる休暇は約3年間。妊娠中《にんしんちゅう》の女性隊員のために、マタニティー用の制服も用意されています。男性隊員にも「配偶者《はいぐうしゃ》の出産特別休暇《きゅうか》」があり、育休取得は男女関係なく奨励《しょうれい》されています。

また現在、全国8カ所の駐屯地《ちゅうとんち》・基地などに託児《たくじ》施設《しせつ》があり、迷彩服《めいさいふく》姿の自衛官パパやママが出勤途《と》中《ちゅう》に子どもを預けています。さらに託児《たくじ》施設《しせつ》以外でも、災害派遣《はけん》活動などの緊急時《きんきゅうじ》には、小学生までの子どもを一時的に預けられる制度があります。

Column

自衛隊の階級

自衛隊には、全部で16の階級があります。16階級は、上から「将」、「佐《さ》」、「尉《い》」、「曹《そう》」、「士」の大きく五つに分かれ、このうち「将」、「佐《さ》」、「尉《い》」が幹部です。この五つはさらに、

○将→将、将補
○佐《さ》→1佐《さ》、2佐《さ》、3佐《さ》
○尉《い》→1尉《い》、2尉《い》、3尉《い》
○曹《そう》→曹長《そうちょう》、1曹《そう》、2曹《そう》、3曹《そう》
○士→士長、1士、2士

と細分化され、3尉《い》と曹長《そうちょう》のあいだの准尉《じゅんい》を加えて16階級となります。

階級は名前の後ろに付け、「鈴木2尉《い》」、「佐藤曹《そう》長《ちょう》」といったように呼ばれます。正式には、陸上自衛官の場合は「鈴木2等陸尉《りくい》」、「佐藤陸曹長《りくそうちょう》」となり、海上自衛官、航空自衛官の場合も同様に「鈴木2等海尉《かいい》」、「鈴木2等空尉《くうい》」、「佐藤海曹長《かいそうちょう》」、「佐藤空曹長《くうそうちょう》」となります。制服や迷彩服《めいさいふく》には、階級を表す「階級章」があり、襟《えり》や肩《かた》、袖口《そでぐち》に付けられています。

自衛隊の階級は、指揮・命令系統や役割を明確にするためのものです。おおまかには、「指揮する隊員」である幹部と、「指揮されたことを実行する隊員」である曹士《そうし》とに役割が分かれます。そして幹部のなかでも「大規模な部隊の長となる階級」、「中規模な部隊の長となる階級」、「小規模な部隊の長となる階級」があり、曹士《そうし》のなかでも「曹士《そうし》全体を指導する階級」、「班の長となる階級」といったようにそれぞれの役割があります。

階級は給与《きゅうよ》や定年の年齢《ねんれい》にもかかわる重要なもので、営外者となるのも規定の階級以上にしか認められていません。隊員がもつ役割やその責任感を目に見える形で表し、指揮・命令系統を明確にし、任務をスムーズに確実に遂行《すいこう》するために、自衛隊は階級制度を採用しています。

図表9 自衛隊の階級、階級章

共通呼称			陸上自衛隊	海上自衛隊	航空自衛隊
幹部	将官	将	陸上幕僚長	海上幕僚長	航空幕僚長
幹部	将官	将	陸　将	海　将	空　将
幹部	将官	将補	陸将補	海将補	空将補
幹部	佐官	1佐	1等陸佐	1等海佐	1等空佐
幹部	佐官	2佐	2等陸佐	2等海佐	2等空佐
幹部	佐官	3佐	3等陸佐	3等海佐	3等空佐
幹部	尉官	1尉	1等陸尉	1等海尉	1等空尉
幹部	尉官	2尉	2等陸尉	2等海尉	2等空尉
幹部	尉官	3尉	3等陸尉	3等海尉	3等空尉
准尉		准尉	准陸尉	准海尉	准空尉
曹士	曹	曹長	陸曹長	海曹長	空曹長
曹士	曹	1曹	1等陸曹	1等海曹	1等空曹
曹士	曹	2曹	2等陸曹	2等海曹	2等空曹
曹士	曹	3曹	3等陸曹	3等海曹	3等空曹
曹士	士	士長	陸士長	海士長	空士長
曹士	士	1士	1等陸士	1等海士	1等空士
曹士	士	2士	2等陸士	2等海士	2等空士

3章

なるにはコース

必要なのは「気持ち」だけ。どんな人にも適性がある

気持ちさえあれば、入隊後に成長する

日本の安全を守ることを任務とした自衛隊。ですので、自衛官は「日本が平和な国であり続けてほしい」、そして「人の役に立ちたい」という思いをもっています。しかし、入隊前から「人の役に立つ」ための能力や知識を身につけていた隊員はいません。全員、入隊後に教育や訓練を受け、少しずつ自衛官として成長していきます。

入隊前の採用試験には、面接があります。面接では、「人の役に立ちたい」、また「自分の能力を活かしたい」といった志望動機を語った人でも、実はそれほどの志はなく、本音は「安定した公務員になりたい」、「一般《いっぱん》大学の受験に失敗したから」、「なんとなく受けてみた」という自衛官もたくさんいます。

その人の適性に見合った仕事がある

しかし、これら明確な志なく入隊した自衛官たちにも、共通していることがあります。それは入隊前や入隊後に「自衛官としてがんばっていこう」という気持ちをもったこと。10年先、20年先とまではいかずとも、「とりあえず1任期だけでもがんばってみよう」といったように、前向きな気持ちをもったことです。

自衛官になるために重要なのは、実際の動機がどうであれ、結果的に「自衛官としてがんばっていきたい」という気持ちをもてるかどうかです。自衛隊には、近接戦《せん》闘《とう》やサイバー防衛といった幅《はば》広《ひろ》い任務がありますし、また「自己完結型組織」であるため、任務にまつわるサポート業務も多種多様です。世の中の仕事がそうであるように、

体力がなくても勉強が苦手でも、その人の適性に合った仕事が自衛隊には必ずあります。

また幅《はば》広《ひろ》い任務、多種多様な業務に対応するため、自衛隊にはバラエティーに富んだ人材が必要とされています。計算が早い人、読解力がある人、体を動かすことが好きな人。ひとつのゲームを何日間も続けられるような忍耐力《にんたいりょく》のある人もいるでしょうし、逆に忍耐《にんたい》が苦手でも常に新しいことにアンテナを張れる人もいるでしょう。人を楽しませることが好きな盛《も》り上《あ》げ上手な人は部隊に活気を与えますし、寡黙《かもく》な人はクールに場の雰囲気《ふんいき》を読み取ることができます。自衛隊の多岐《たき》にわたる任務・業務の分野では、どんな人も必要とされている人材です。

　もし、あなたが「自衛官になりたい」と思ったのなら、その時点で自衛官としての適性は十分にあります。「自衛官としてがんばっていきたい」という気持ちさえあれば、どんな人でも入隊後の教育・訓練で人の役に立てるようになり、平和で安全な日本をつくる自衛官となることができるのです。

自衛官の採用試験

受験種目から、自分の「なりたい」を選ぶ

役割、仕事内容で選ぶ9種目

自衛官になるには、以下の九つの受験種目があります。

○幹部候補生（一般・歯科・薬剤科）
○貸費学生
○防衛《ぼうえい》大学校
○防衛医科大学校・医学科学生
○防衛医科大学校・看護学科学生
○航空学生（海上自衛隊・航空自衛隊）
○一般《いっぱん》曹《そう》候補生

○自衛官候補生
○高等工科学校生徒（陸上自衛隊、男子のみ）
この九つからひとつ、または複数を選んで受験するのですが、その選び方を、
①どんな役割に就きたいか
②どんな仕事をしたいか
の二つの面から考えていきましょう。

どんな役割に就きたいか

132ページのコラム「自衛隊の階級」でお話ししたように自衛官の役割は、「指揮する隊員」である幹部と、「指揮されたことを実行する隊員」である曹士《そうし》との大きく二つに分かれます。幹部自衛官をめざすには五つの種目が、曹士《そうし》をめざす場合は四つの種目がありま す。

●幹部自衛官をめざす

○幹部候補生……一般《いっぱん》大学を卒業後に、幹部候補生学校に入校。幹部自衛官としての基礎《きそ》的《てき》な教育を受け、幹部自衛官となる。
○貸費学生……一般《いっぱん》大学の理学部・工学部（またはこれらに類する学部）の３・４年次か、

大学院修士課程在学中に受験。学資金が貸与《たいよ》され、卒業後は幹部候補生学校を経て幹部自衛官となる（貸与《たいよ》された学資金は、４年以上かつ貸与《たいよ》期間の１・５倍の期間、自衛隊で勤務すれば返還《へんかん》は免除《めんじょ》）。

○防衛大学校学生……高校卒業後に入校。卒業後は幹部候補生学校を経て幹部自衛官に

○防衛医科大学校・医学科学生……高校卒業後に入校。医師免許《めんきょ》を取得し、医官の幹部自衛官として主に自衛隊の医療《いりょう》機関で勤務する。

○防衛医科大学校・看護学科学生……高校卒業後に入校。看護師・保健師免許《めんきょ》を取得し、

防衛大学校学生

防衛医科大学校・医学科学生

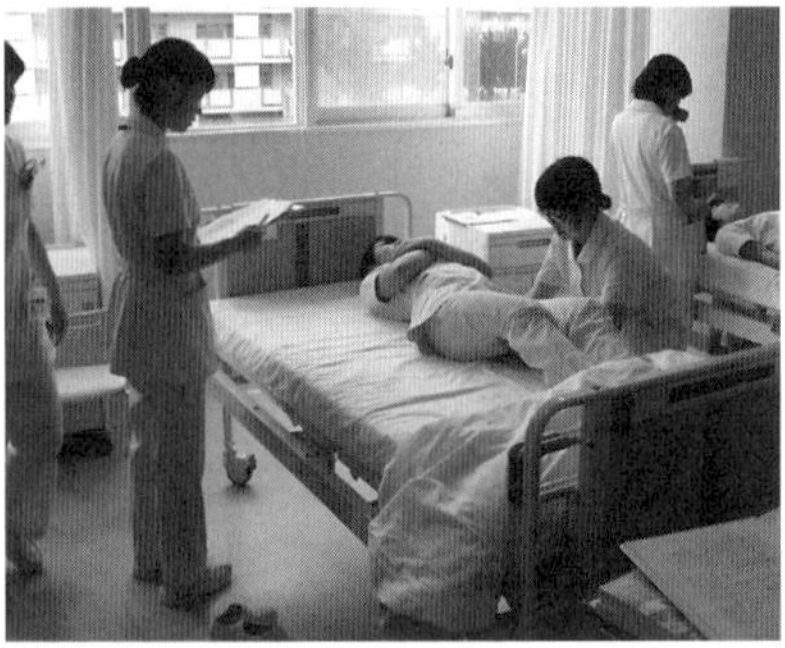

防衛医科大学校・看護学科学生

主に自衛隊の医療《いりょう》機関で勤務する。

○航空学生……海上自衛隊は18歳《さい》以上23歳《さい》未満、航空自衛隊は18歳《さい》以上21歳《さい》未満の者に受験資格がある。教育・訓練を経て海上自衛隊、航空自衛隊で幹部自衛官のパイロット等に就く。

●曹士《そうし》をめざす

○一般曹《いっぱんそう》候補生……受験資格は18歳《さい》以上33歳《さい》未満。入隊すると2士の階級となり、1士、士長を経て入隊から2年9カ月経過以降に、選考により3曹《そう》に昇任《しょうにん》。

航空学生

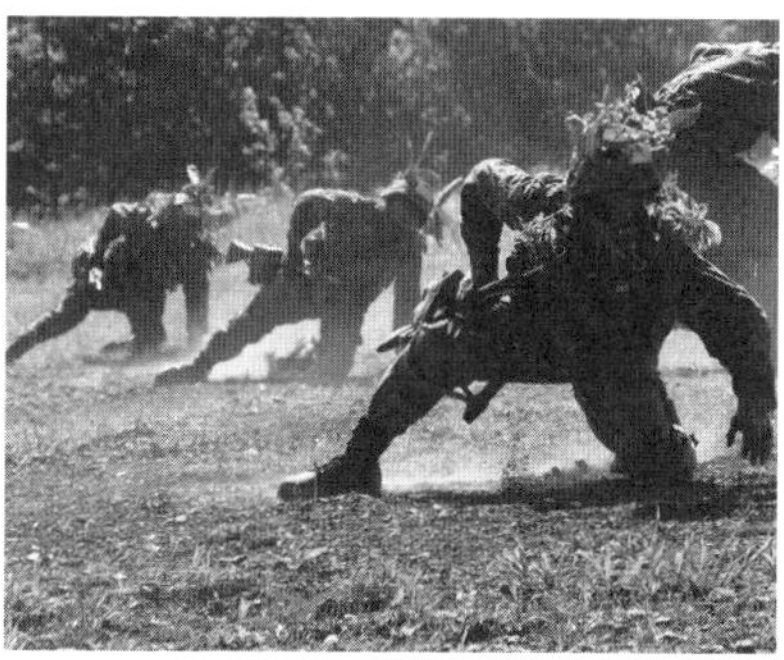
一般曹候補生

自衛官候補生

高等工科学校生徒

○自衛官候補生……受験資格は18歳《さい》以上33歳《さい》未満。入隊後3カ月間の自衛官候補生教育を受けた後に2士へ。その後1士、士長となり、陸上自衛隊は入隊から2年後、海上自衛隊・航空自衛隊は3年後に1任期満了《まんりょう》を迎《むか》える。任期満《まん》了《りょう》後は、引き続き自衛官として任期を継続《けいぞく》するか、退職し「自衛隊新卒」として民間企業等へ就職するかを選ぶ。希望者は選抜《せんばつ》試験を経て3曹《そう》に昇任《しょうにん》。

○高等工科学校生徒……中学校卒業後に入校。卒業後は士長として1年間の研修・勤務をし、3曹《そう》へ。

一般《いっぱん》曹《そう》候補生、自衛官候補生、高等工科学校のいずれも、3曹《そう》となった後は曹《そう》として勤務をします。また、希望者は選抜《せんばつ》試験を経て幹部自衛官となる道もあります。

どんな仕事をしたいか

もし、あなたに「パイロットになりたい」という夢《ゆめ》があるのなら、パイロットを専門的に育成する航空学生、またはパイロットへの道がある幹部候補生、防衛大学校をお勧めします。「将来は工学系のスペシャリストとして勤務したい」のであれば高等工科学校や貸費学生、「医官、看護官になりたい」のであれば防衛医科大学校です。歯科医官、薬剤官になる場合は、一般大学の歯学部、薬学部を卒業後に、幹部候補生（歯科・薬剤科）として入隊します。

また、陸・海・空自衛隊のどれに入隊したいかが明確に決まっている場合は、陸・海・空別に募集《ぼしゅう》が行われている幹部候補生、貸費学生、一般曹《いっぱんそう》候補生、自衛官候補生がよいでしょう。

そして、「将来は自衛隊ではない仕事をしたいけど、日本の安全にも貢献《こうけん》したい」という場合は、大学在学中に、また社会人になった後に「予備自衛官補」を受験し、大学での学業や企業《きぎょう》での勤務を続けながら予備自衛官になることもできます。「大学在学中に予備自衛官になり、その後自衛官の採用試験を受けた」という自衛官もいます。

これらの募集《ぼしゅう》種目は単独ではなく、併願《へいがん》も可能です。自分に合った種目、やりたい仕事の種目をいくつか選んで、挑戦《ちょうせん》してみてください。

それぞれの養成学校の紹介

学費無料、給与支給で学び卒業後に自衛官へ

養成校へは自衛隊員として入校

防衛大学校、防衛医科大学校、高等工科学校は、自衛官となる人材を養成する学校です。卒業すれば、防衛大学校・防衛医科大学校は大卒、高等工科学校は高卒となりますが、一《いっ》般的《ぱんてき》な大学、高校とは異なることがいくつかあります。

まずひとつは、入校すると「自衛隊員」の身分になること。「自衛隊員」と「自衛官」は同じものだと思われがちなのですが、実は自衛官は「自衛隊員の一部」。自衛官には全員階級がありますが、自衛隊員には自衛官のほかに「事務官」や「技官」と呼ばれる階級のない職員がいます。防衛大学校、防衛医科大学校、高等工科学校の学生・生徒も同じく、「自衛官ではない自衛隊員」。自衛官に加えて、事務官や技官、そして防衛大学校、防衛医

防衛大学校の本部庁舎

科大学校、高等工科学校の学生・生徒などの総称が「自衛隊員」です。

防衛大学校、防衛医科大学校、高等工科学校の学生・生徒には階級がないため、在学中は名前の後に「学生」、「生徒」を付け、「鈴木学生」、「佐藤生徒」といったように呼ばれます。そして卒業すると自衛官に任官し、それぞれの階級が与《あた》えられます。

また防衛大学校、防衛医科大学校、高等工科学校の学生・生徒は自衛隊員であるため、給与《きゅうよ》が支払《しはら》われます。そして「自衛隊員の業務」として学業を行うので、入学金や学費は無料です。

入校後は、一般的《いっぱんてき》な大学・高校のような授業のほかに、防衛分野の授業、また自衛官としての基礎的《きそてき》な訓練も行われます。防衛大学校、高等工科学校の採用試験には一般《いっぱん》試験のほかに推薦《すいせん》試験の制度もあります。

採用試験の内容

筆記だけでなく面接も重視。体力は問わず、身体検査のみ

自衛隊の採用試験に体力テストはない

各種目の試験には、主に筆記、口述(面接)、身体検査があります。身体検査では、つぎのような基準を満たしているかを検査されます。

○身長(男子は150cm以上、女子は140cm以上)

○体重(身長別の上下基準値内。例:男子は身長167~170cmの場合50~79kg、女子は身長155~158cmの場合44~62kg)

○視力(裸眼《らがん》視力0・6以上または矯正《きょうせい》視力0・8以上)

これらは、自衛官として適正に勤務ができるかを判断するものですが、基準値から少し外れていても「見込《みこ》み入隊」として合格する可能性もあります。たとえば、体重が少し足

りなくても「この体格であれば、入隊後に体重が増加する」という見込《みこ》みを判断され、合格するといった場合です。

身体検査では、これら以外にも聴力《ちょうりょく》、色覚、歯の異常、慢性疾患《まんせいしっかん》の有無も検査されますが、「懸垂《けんすい》が何回できるか」、「100メートルを何秒で走れるか」といった体力テストはありません。身体検査の基準さえ満たしていれば、入隊後に無理なく段階的に体力を上げていくことができるからです。

「試験」というと、筆記試験の対策ばかりを気にしてしまうものですが、自衛隊の採用試験では口述（面接）も重要視されます。言《い》い換《か》えれば、筆記試験に自信がなくても面接で挽回《ばんかい》できるチャンスがあります。話すことが得意な人は、理想とする自衛官像を思《おも》い浮《う》かべて、元気いっぱいにハキハキと受け答えをしましょう。苦手な人も、ご家族や先生に練習相手になってもらい、話すことをまとめておけば自信につながります。試験当日は、面接を担当する制服姿の自衛官を前に緊張《きんちょう》するかもしれませんが、緊張《きんちょう》はして当然です。「どんな人も自衛隊に必要とされる人材」であることを思い出して、堂々とお話ししてください。

もちろん、筆記試験の成績も合否にかかわりますので、できる限りの対策はしておきましょう。筆記試験の範囲《はんい》や難易度は受験種目によってさまざまですが、そこで心強い味方になってくれるのが、「自衛隊地方協力本部」です。地方協力本部は各都道府県に置かれていて、略して「地本《ちほん》」と呼ばれています。募集《ぼしゅう》担当の陸・海・空各自衛官が勤務しており、受験種目や試験内容、面接の対策、身体検査の不安な点、また採用試験だけでなく入隊後に関する相談も受け付けています。地本は地域ごとに「募集《ぼしゅう》案内所」や「地域事務所」を置いているので、ぜひ最寄りの募集《ぼしゅう》案内所、地域事務所でお話しをしてみてください。事務所には行かずに、インターネット応募や、パンフレットの送付のみを希望することもできます。

○募集《ぼしゅう》コールセンター　０１２０—０６３７９２（年中無休、受付時間12〜20時）
○自衛官募集《ぼしゅう》ホームページ　https://www.mod.go.jp/gsdf/jieikanbosyu/
○防衛省・自衛官募集ツイッター　https://twitter.com/jsdf_recruit
○自衛官募集ホームページＱＲコード

フローチャート　自衛官

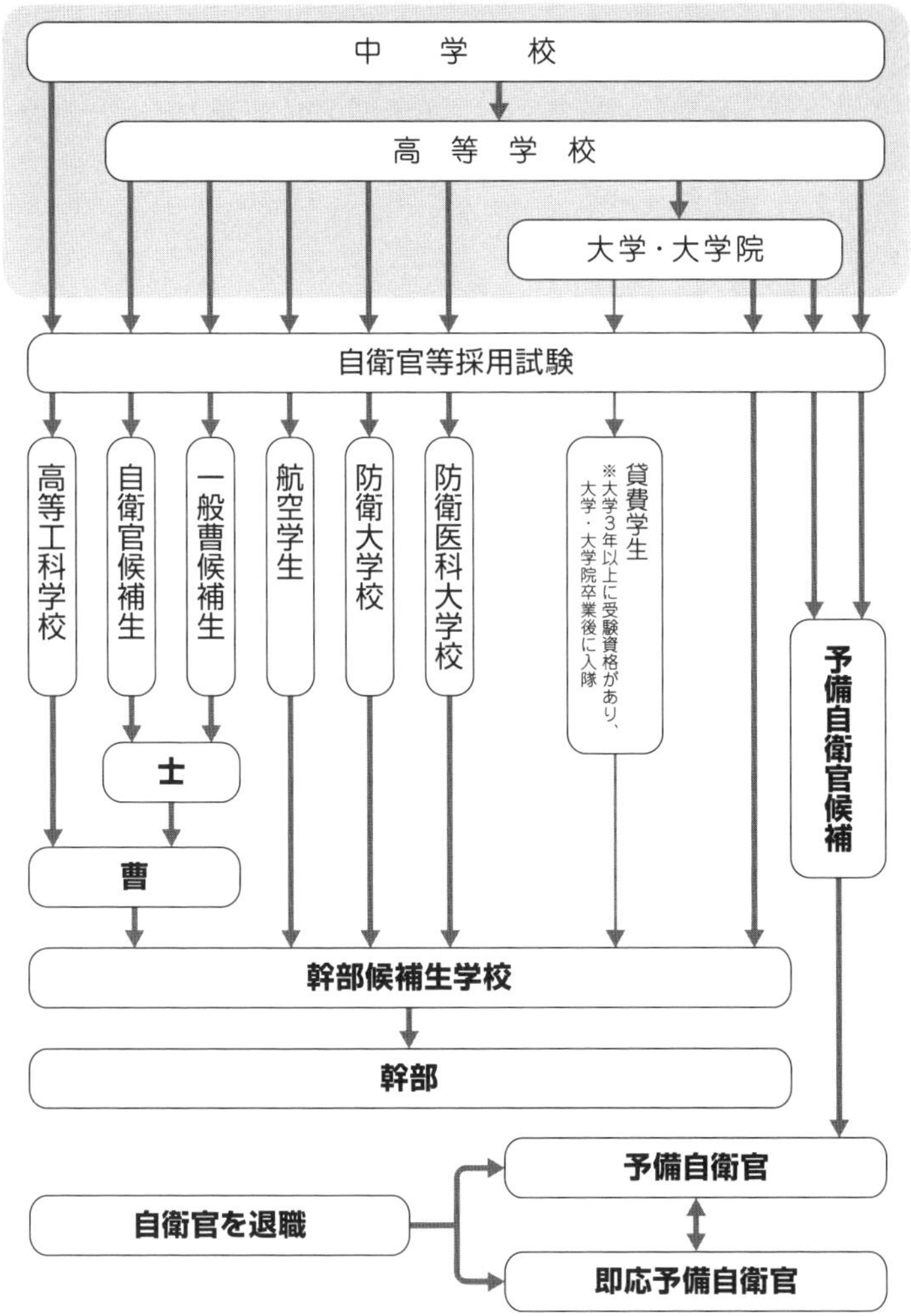
中　学　校
高　等　学　校
大学・大学院
自衛官等採用試験
高等工科学校
自衛官候補生
一般曹候補生
航空学生
防衛大学校
防衛医科大学校
貸費学生
※大学3年以上に受験資格があり、大学・大学院卒業後に入隊
予備自衛官候補
士
曹
幹部候補生学校
幹部
予備自衛官
自衛官を退職
即応予備自衛官

なるにはブックガイド

『誰も知らない自衛隊のおしごと―地味だけれど大切。そんな任務に光あれ』
岡田真理著
扶桑社

現役の自衛官ですら知らないような、自衛隊の地味で目立たない業務ばかりを体験取材した爆笑ルポ。自衛官と筆者の軽快な会話を通し、業務内容や任務に対する自衛官の思いが描かれています。

『いざ志願！　おひとりさま自衛隊』
岡田真理著
文春文庫

酔っぱらった勢いで予備自衛官補に志願してしまった筆者が訓練をつづったルポ・エッセイ。予備自衛官補の訓練は、自衛官の新隊員教育と共通する部分が多く、自衛隊の入門書としても楽しめます。

『空飛ぶ広報室』
有川　浩著
幻冬舎文庫

テレビドラマ化された同タイトルの原作。怪我でパイロット資格を失い、航空自衛隊の航空幕僚監部・広報室に勤務することになった広報官の物語で、航空自衛隊のさまざまな部隊が登場します。

『よくわかる自衛隊―役割から装備品・訓練内容まで（楽しい調べ学習シリーズ）』
志方俊之
PHP 研究所

小学校高学年向けの自衛隊図鑑。子ども向けながら任務や制度を掘り下げて解説しており、全カラーページで写真も充実。陸・海・空の仕事を視覚的にイメージでき、自衛隊の理解が深まります。

職業MAP! 興味があるのはどの仕事?

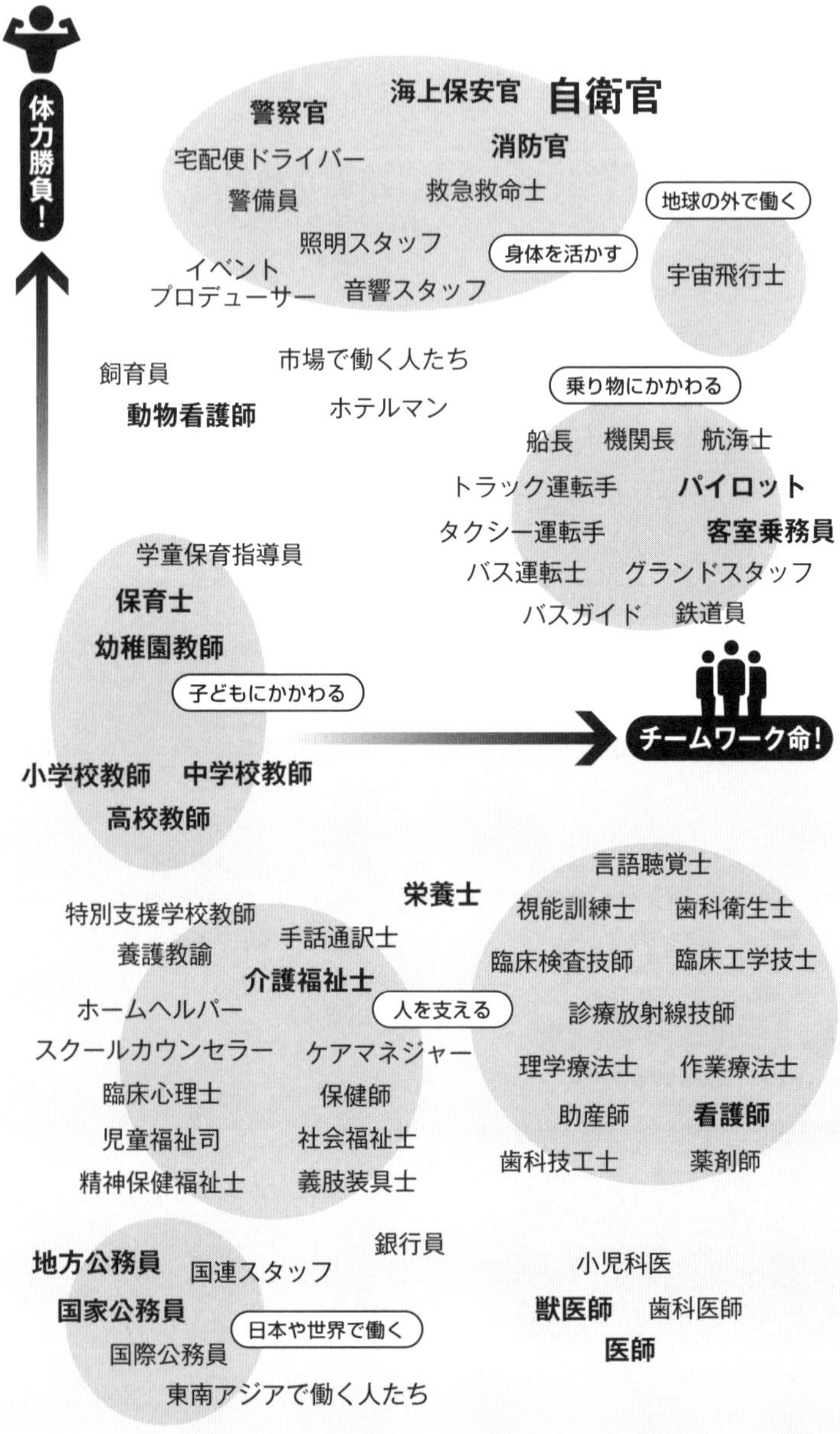
体力勝負!
チームワーク命!
海上保安官
自衛官
警察官
消防官
宅配便ドライバー
警備員
救急救命士
照明スタッフ
身体を活かす
イベントプロデューサー
音響スタッフ
地球の外で働く
宇宙飛行士
飼育員
市場で働く人たち
動物看護師
ホテルマン
乗り物にかかわる
船長
機関長
航海士
トラック運転手
パイロット
タクシー運転手
客室乗務員
バス運転士
グランドスタッフ
バスガイド
鉄道員
学童保育指導員
保育士
幼稚園教師
子どもにかかわる
小学校教師
中学校教師
高校教師
言語聴覚士
栄養士
視能訓練士
歯科衛生士
特別支援学校教師
手話通訳士
養護教諭
臨床検査技師
臨床工学技士
介護福祉士
ホームヘルパー
人を支える
診療放射線技師
スクールカウンセラー
ケアマネジャー
理学療法士
作業療法士
臨床心理士
保健師
助産師
看護師
児童福祉司
社会福祉士
歯科技工士
薬剤師
精神保健福祉士
義肢装具士
銀行員
地方公務員
国連スタッフ
小児科医
国家公務員
獣医師
歯科医師
日本や世界で働く
医師
国際公務員
東南アジアで働く人たち

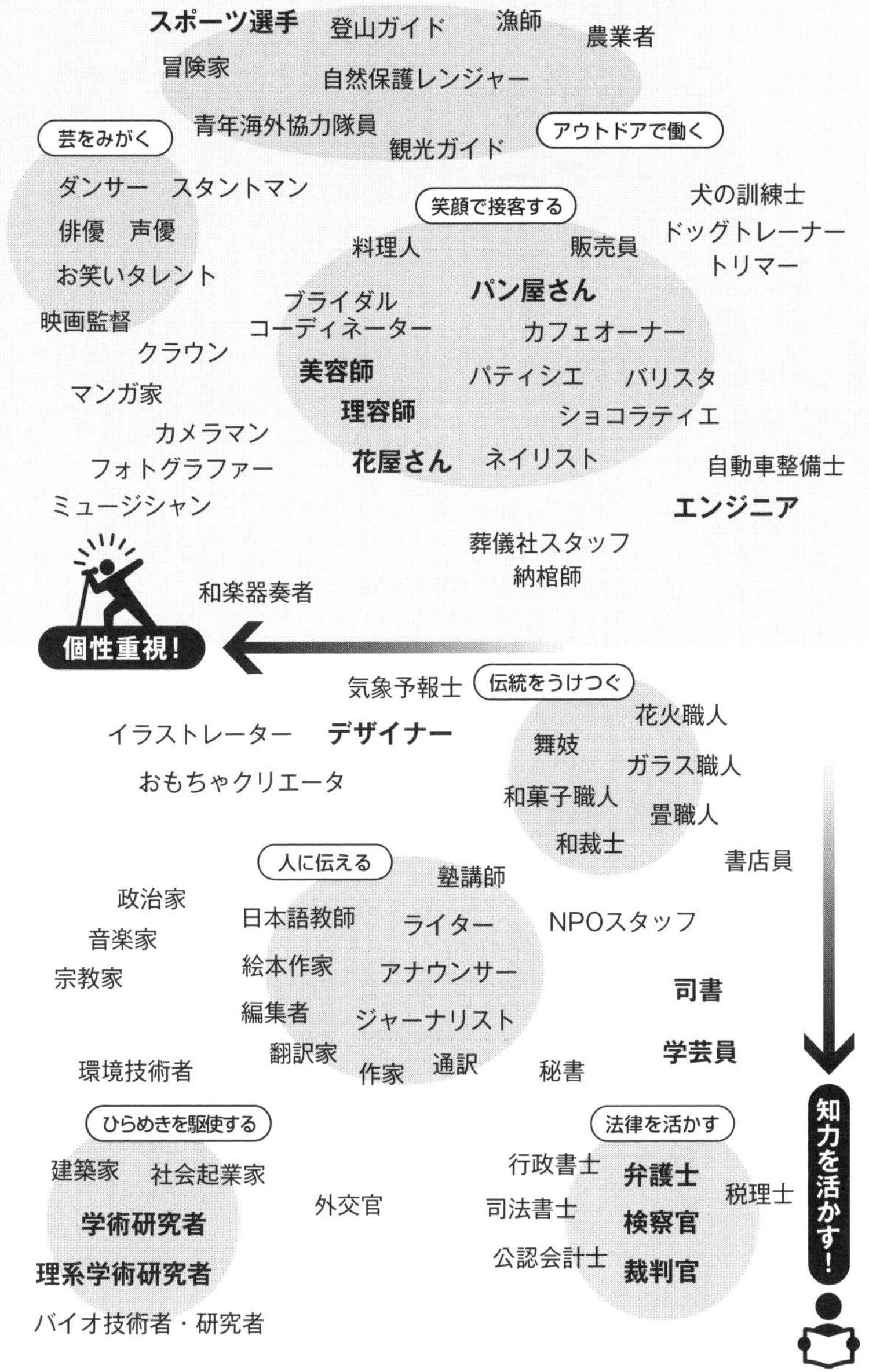
スポーツ選手
登山ガイド
漁師
農業者
冒険家
自然保護レンジャー
青年海外協力隊員
観光ガイド
アウトドアで働く
芸をみがく
ダンサー
スタントマン
俳優
声優
お笑いタレント
映画監督
クラウン
マンガ家
カメラマン
フォトグラファー
ミュージシャン
和楽器奏者
笑顔で接客する
料理人
販売員
パン屋さん
ブライダルコーディネーター
カフェオーナー
美容師
パティシエ
バリスタ
理容師
ショコラティエ
花屋さん
ネイリスト
犬の訓練士
ドッグトレーナー
トリマー
自動車整備士
エンジニア
葬儀社スタッフ
納棺師
個性重視!
気象予報士
伝統をうけつぐ
花火職人
舞妓
ガラス職人
和菓子職人
畳職人
和裁士
イラストレーター
デザイナー
おもちゃクリエータ
書店員
人に伝える
塾講師
政治家
日本語教師
ライター
NPOスタッフ
音楽家
宗教家
絵本作家
アナウンサー
司書
編集者
ジャーナリスト
翻訳家
作家
通訳
学芸員
環境技術者
秘書
ひらめきを駆使する
建築家
社会起業家
学術研究者
理系学術研究者
バイオ技術者・研究者
外交官
法律を活かす
行政書士
弁護士
税理士
司法書士
検察官
公認会計士
裁判官
知力を活かす!

おわりに

この本では、自衛隊のさまざまな仕事や制度をご紹介《しょうかい》しましたが、これは自衛隊全体のほんの一部に過ぎません。それでも、自衛隊のことが少しでも伝わっていてくださるとうれしく思います。

自衛官はとてもやりがいのある、誇《ほこ》れる仕事です。自衛隊にはたくさんの職種があり、誰《だれ》にでも適性にあった仕事が必ずあります。体力がないから、勉強が苦手だからといったことは何の支障にもなりません。もし少しでも興味があれば、ぜひその門を叩《たた》いてみてください。

一方で、自衛官は危険をともなう仕事でもあります。もちろん、警察や消防など危険をともなう仕事はほかにもありますし、それ以外のどんな仕事でも、危険がまったくない仕事というものは、おそらくこの世にひとつもないと思います。

そのなかで、「日本を守る」、「日本に住む人びとを守る」という尊い仕事を選んでくれたみなさまに、そして大切な人を自衛隊に送り出してくださるご家族のみなさまに、一国民として心よりお礼を申し上げます。

もちろん、本書を読んでくださった方全員に自衛官を希望してほしいとは思いません。

人にはそれぞれやりたいこと、その人に合った職業があり、そのすべての道に輝《かがや》ける未来が待っています。

でも、ご自身が自衛官になろうとは思わなくても、友人やご家族といった身近な人が「自衛官になりたい」と思った時に、その決断を応援《おうえん》してもらえれば、またこの本がその理解の一助になればとてもうれしいです。

みなさんがこの先どんな仕事をしても、その暮らしは自衛隊によって守られます。どうか、この安心感を心の奥底《おくそこ》に置いていただき、みなさまが日々を幸せに送られるよう、願っています。

この本を手に取っていただきまして、本当にありがとうございました。

筆者

［著者紹介］

岡田真理（おかだ まり）

フリーライター／陸上自衛隊予備自衛官／防衛省オピニオンリーダー。
1977年、福岡県生まれ。同志社大学工学部中退。陸上自衛隊予備自衛官補（一般）に志願し、50日間の教育訓練を経て予備自衛官に任官。全国の陸・海・空自衛隊各部隊を取材し、「女子高生にも分かる国防」をモットーに執筆活動を行う。著書に『いざ志願！おひとりさま自衛隊』（文春文庫）、『誰も知らない自衛隊のおしごと―地味だけれど大切。そんな任務に光あれ』（扶桑社）がある。

自衛官《じえいかん》になるには

2020年12月15日　初版第1刷発行
2021年 9月25日　初版第2刷発行

著　者　岡田真理
発行者　廣嶋武人
発行所　株式会社ぺりかん社
〒113-0033　東京都文京区本郷1-28-36
TEL 03-3814-8515（営業）
03-3814-8732（編集）
http://www.perikansha.co.jp/
印刷所　株式会社太平印刷社
製本所　鶴亀製本株式会社

ISBN978-4-8315-1575-9　Printed in Japan

＊「なるにはBOOKS」シリーズは重版の際、最新の情報をもとに、データを更新しています。

【なるにはBOOKS】

税別価格 1170円〜1600円

1——パイロット
2——客室乗務員
3——ファッションデザイナー
4——冒険家
5——美容師・理容師
6——アナウンサー
7——マンガ家
8——船長・機関長
9——映画監督
10——通訳者・通訳ガイド
11——グラフィックデザイナー
12——医師
13——看護師
14——料理人
15——俳優
16——保育士
17——ジャーナリスト
18——エンジニア
19——司書
20——国家公務員
21——弁護士
22——工芸家
23——外交官
24——コンピュータ技術者
25——自動車整備士
26——鉄道員
27——学術研究者(人文・社会科学系)
28——公認会計士
29——小学校教諭
30——音楽家
31——フォトグラファー
32——建築技術者
33——作家
34——管理栄養士・栄養士
35——販売員・ファッションアドバイザー
36——政治家
37——環境専門家
38——印刷技術者
39——美術家
40——弁理士
41——編集者
42——陶芸家
43——秘書
44——商社マン
45——漁師
46——農業者
47——歯科衛生士・歯科技工士
48——警察官
49——伝統芸能家
50——鍼灸師・マッサージ師
51——青年海外協力隊員
52——広告マン
53——声優
54——スタイリスト
55——不動産鑑定士・宅地建物取引主任者
56——幼稚園教諭
57——ツアーコンダクター
58——薬剤師
59——インテリアコーディネーター
60——スポーツインストラクター
61——社会福祉士・精神保健福祉士
62——中小企業診断士
63——社会保険労務士
64——旅行業務取扱管理者
65——地方公務員
66——特別支援学校教諭
67——理学療法士
68——獣医師
69——インダストリアルデザイナー
70——グリーンコーディネーター
71——映像技術者
72——棋士
73——自然保護レンジャー
74——力士
75——宗教家
76——CGクリエータ
77——サイエンティスト
78——イベントプロデューサー
79——パン屋さん
80——翻訳家
81——臨床心理士
82——モデル
83——国際公務員
84——日本語教師
85——落語家
86——歯科医師
87——ホテルマン
88——消防官
89——中学校・高校教師
90——動物看護師
91——ドッグトレーナー・犬の訓練士
92——動物園飼育員・水族館飼育員
93——フードコーディネーター
94——シナリオライター・放送作家
95——ソムリエ・バーテンダー
96——お笑いタレント
97——作業療法士
98——通関士
99——杜氏
100——介護福祉士
101——ゲームクリエータ
102——マルチメディアクリエータ
103——ウェブクリエータ
104——花屋さん
105——保健師・養護教諭
106——税理士
107——司法書士
108——行政書士
109——宇宙飛行士
110——学芸員
111——アニメクリエータ
112——臨床検査技師
113——言語聴覚士
114——自衛官
115——ダンサー
116——ジョッキー・調教師
117——プロゴルファー
118——カフェオーナー・カフェスタッフ・バリスタ
119——イラストレーター
120——プロサッカー選手
121——海上保安官
122——競輪選手
123——建築家
124——おもちゃクリエータ
125——音響技術者
126——ロボット技術者
127——ブライダルコーディネーター
128——ミュージシャン
129——ケアマネジャー
130——検察官
131——レーシングドライバー
132——裁判官
133——プロ野球選手
134——パティシエ
135——ライター
136——トリマー
137——ネイリスト
138——社会起業家
139——絵本作家
140——銀行員
141——警備員・セキュリティスタッフ
142——観光ガイド
143——理系学術研究者
144——気象予報士・予報官
145——ビルメンテナンススタッフ
146——義肢装具士
147——助産師
148——グランドスタッフ
149——診療放射線技師
150——視能訓練士
151——バイオ技術者・研究者
152——救急救命士
153——臨床工学技士
154——講談師・浪曲師
155——AIエンジニア
156——アプリケーションエンジニア
補巻22 スポーツで働く
補巻23 証券・保険業界で働く
補巻24 福祉業界で働く
補巻25 教育業界で働く
補巻26 ゲーム業界で働く
別巻 ミュージアムを知ろう
別巻 もっとある!小中高生におすすめの本220
別巻 中高生からの防犯
別巻 会社で働く
学部調べ 看護学部・保健医療学部
学部調べ 理学部・理工学部
学部調べ 社会学部・観光学部
学部調べ 文学部
学部調べ 工学部
学部調べ 法学部
学部調べ 教育学部
学部調べ 医学部
学部調べ 経営学部・商学部
学部調べ 獣医学部
学部調べ 栄養学部
学部調べ 外国語学部
学部調べ 環境学部
学部調べ 教養学部
学部調べ 薬学部
学部調べ 国際学部
学部調べ 経済学部
学部調べ 農学部

※一部品切・改訂中です。 2021.07.